하루 한장 쏙셈

개념과 연산 원리를
집중 훈련하는
쏙셈 영역 학습서

분수

KB127346

2권

초등학교 5~6학년

2권
초등학교 5~6학년

WRITERS

미래엔콘텐츠연구회
No.1 Content를 개발하는 교육 전문 콘텐츠 연구회

COPYRIGHT

인쇄일 2023년 10월 10일(1판3쇄)
발행일 2022년 11월 1일

펴낸이 신광수
펴낸곳 ㈜미래엔
등록번호 제16-67호

융합콘텐츠개발실장 황은주
개발책임 정은주
개발 장혜승, 박지민, 이유진, 박새연

디자인실장 손현지
디자인책임 김병석
디자인 이진희

CS본부장 강윤구
CS지원책임 강승훈

ISBN 979-11-6841-397-9

머리말

유진이는 어제 케이크 $\frac{1}{2}$조각을 먹었어요.

선하는 $1\frac{2}{3}$시간 동안 책을 읽었어요.

승훈이가 $\frac{5}{6}$ km를 달렸어요.

$\frac{1}{2}$, $1\frac{2}{3}$와 같은 수는 분수예요.

분수는 생긴 모양이 자연수와 달라서 친구들이 어려워하지만
생활 주변에서 많이 쓰이는 수들이에요.
그래서 개념을 정확하게 알고 사용해야 해요.

하루 한장 쏙셈 분수는
교과서에서 다루는 분수 내용만 쏙 뽑아
개념을 쉽게 정리하고 문제를 알차게 넣었어요.
우리 친구들이 하루 한장 쏙셈 분수를 통해
수학이 재미있어지고 실력도 한층 성장하길 바랍니다.

하루 한장 쏙셈
분수

구성과 특징

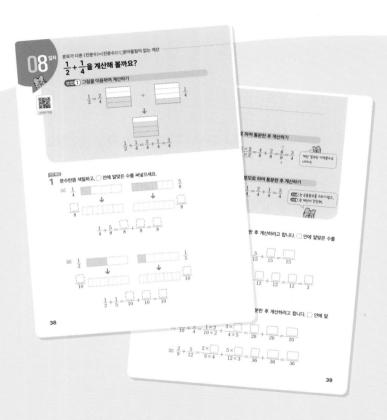

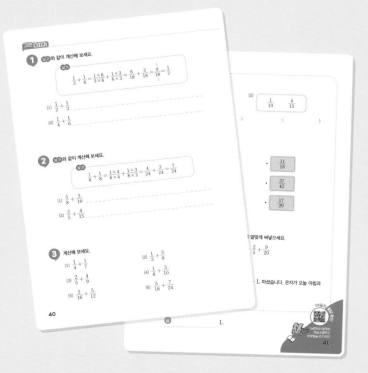

『하루 한장 쏙셈 분수』로
이렇게 학습해요!

1
어려운 개념을
쉽게!

많은 학생들이 자연수와는 다른 형태의 분수를 어려워합니다.
『하루 한장 쏙셈 분수』는 어려운 개념을 그림으로 설명하고 스마트 학습을 통해 직접 조작하며 쉽게 이해할 수 있습니다.

2
연결된 개념을
집중적으로!

분수는 3~6학년에 걸쳐 배우므로 앞에서 배운 내용을 잊어버리기도 합니다.
『하루 한장 쏙셈 분수』는 분수의 개념과 연산을 연결하여 집중적으로 학습할 수 있습니다.

3
중학 수학의 기초를
탄탄하게!

초등 과정의 분수는 중학교에서 배우는 유리수, 문자와 식 등으로 연계됩니다.
『하루 한장 쏙셈 분수』는 기본 실력을 탄탄하게 키워 중학교 수학도 거뜬하게 해결할 수 있습니다.

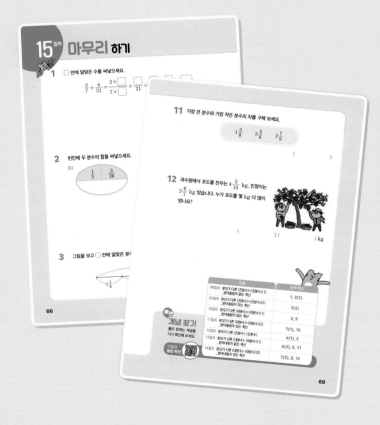

마무리 하기

배운 내용 점검하기

▷ 배운 내용을 정리하고 얼마나 잘 이해하였는지 점검해 봅니다.

▷ 응용된 문제를 풀면서 수학적 사고력을 키울 수 있습니다.

▷ 틀린 문제는 개념을 다시 확인하여 부족한 부분을 되짚어 볼 수 있도록 안내합니다.

하루 한장 쏙셈 분수 차례

1장
약수와 배수, 약분과 통분

01일차	약수와 배수	8쪽
02일차	공약수와 최대공약수	12쪽
03일차	공배수와 최소공배수	16쪽
04일차	크기가 같은 분수	20쪽
05일차	약분과 통분	24쪽
06일차	분수의 크기 비교	28쪽
07일차	마무리 하기	32쪽

2장
분수의 덧셈과 뺄셈

08일차	분모가 다른 (진분수)+(진분수)(1)_받아올림이 없는 계산	38쪽
09일차	분모가 다른 (진분수)+(진분수)(2)_받아올림이 있는 계산	42쪽
10일차	분모가 다른 (대분수)+(대분수)(1)_받아올림이 없는 계산	46쪽
11일차	분모가 다른 (대분수)+(대분수)(2)_받아올림이 있는 계산	50쪽
12일차	분모가 다른 (진분수)-(진분수)	54쪽
13일차	분모가 다른 (대분수)-(대분수)(1)_받아내림이 없는 계산	58쪽
14일차	분모가 다른 (대분수)-(대분수)(2)_받아내림이 있는 계산	62쪽
15일차	마무리 하기	66쪽

3장

분수의 곱셈

16일차	(진분수)×(자연수)	72쪽
17일차	(대분수)×(자연수)	76쪽
18일차	(자연수)×(진분수)	80쪽
19일차	(자연수)×(대분수)	84쪽
20일차	(진분수)×(진분수)	88쪽
21일차	(대분수)×(대분수)	92쪽
22일차	세 분수의 곱셈	96쪽
23일차	마무리 하기	100쪽

4장

분수의 나눗셈

24일차	(자연수)÷(자연수)_몫이 1보다 작은 계산	106쪽
25일차	(자연수)÷(자연수)_몫이 1보다 큰 계산	110쪽
26일차	(자연수)÷(자연수)_분수의 곱셈으로 나타내어 계산	114쪽
27일차	(진분수)÷(자연수)	118쪽
28일차	(대분수)÷(자연수)	122쪽
29일차	마무리 하기	126쪽
30일차	분모가 같은 (분수)÷(분수)	130쪽
31일차	분모가 다른 (분수)÷(분수)	134쪽
32일차	(자연수)÷(분수)	138쪽
33일차	(분수)÷(분수)_분수의 곱셈으로 나타내어 계산	142쪽
34일차	대분수의 나눗셈	146쪽
35일차	마무리 하기	150쪽

어~홍~!!

스마트 학습으로
분수·소수의 개념 원리를
재미있게 배울 수 있어요!

- 자르고 색칠하고 이동하는 조작 활동을 통해 개념을 이해해요.
- 개념 학습에서 이해한 원리를 적용하여 문제를 풀이해요.

분수

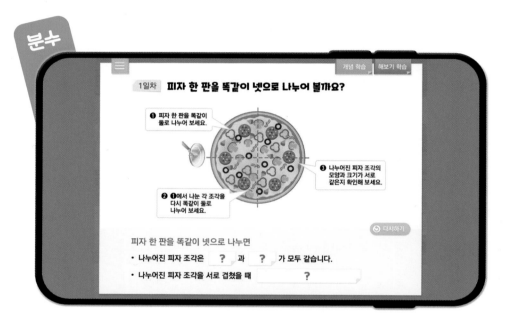

1일차 **피자 한 판을 똑같이 넷으로 나누어 볼까요?**

개념 학습 | 해보기 학습

❶ 피자 한 판을 똑같이 둘로 나누어 보세요.

❸ 나누어진 피자 조각의 모양과 크기가 서로 같은지 확인해 보세요.

❷ ❶에서 나눈 각 조각을 다시 똑같이 둘로 나누어 보세요.

🔄 다시하기

피자 한 판을 똑같이 넷으로 나누면

- 나누어진 피자 조각은 ⟨ ? ⟩ 과 ⟨ ? ⟩ 가 모두 같습니다.
- 나누어진 피자 조각을 서로 겹쳤을 때 ⟨ ? ⟩

소수

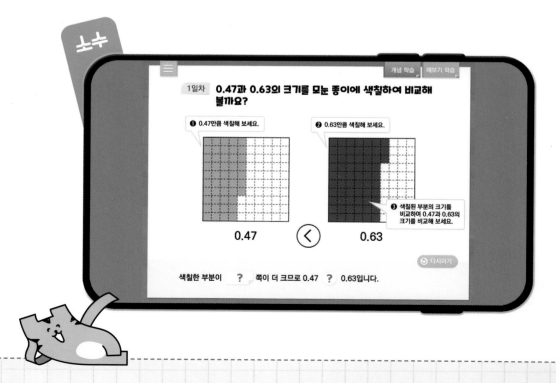

1일차 **0.47과 0.63의 크기를 모눈 종이에 색칠하여 비교해 볼까요?**

개념 학습 | 해보기 학습

❶ 0.47만큼 색칠해 보세요.

❷ 0.63만큼 색칠해 보세요.

❸ 색칠된 부분의 크기를 비교하여 0.47과 0.63의 크기를 비교해 보세요.

0.47 ＜ 0.63

🔄 다시하기

색칠한 부분이 ⟨ ? ⟩ 쪽이 더 크므로 0.47 ⟨ ? ⟩ 0.63입니다.

1장

약수와 배수, 약분과 통분

01일차	약수와 배수	월	일
02일차	공약수와 최대공약수	월	일
03일차	공배수와 최소공배수	월	일
04일차	크기가 같은 분수	월	일
05일차	약분과 통분	월	일
06일차	분수의 크기 비교	월	일
07일차	마무리 하기	월	일

공부 계획

01 일차

약수를 알아볼까요?

어떤 수를 나누어떨어지게 하는 수를 그 수의 **약수**라고 합니다.

$6 \div 1 = 6$	$6 \div 2 = 3$	$6 \div 3 = 2$
$6 \div 4 = 1 \cdots 2$	$6 \div 5 = 1 \cdots 1$	$6 \div 6 = 1$

6을 나누어떨어지게 하는 수는 1, 2, 3, 6입니다.

➔ 6의 약수는 1, 2, 3, 6입니다.

참고 약수의 성질
- 1은 모든 자연수의 약수입니다.
- ■의 약수 중 가장 작은 수는 1이고, 가장 큰 수는 ■입니다.
- 수가 크다고 약수의 개수가 항상 더 많은 것은 아닙니다.

■를 ▲로 나누었을 때
나누어떨어지면 ▲는
■의 약수야.

개념 확인

1 나눗셈식을 보고 5의 약수를 모두 구해 보세요.

$5 \div 1 = 5$	$5 \div 2 = 2 \cdots 1$	$5 \div 3 = 1 \cdots 2$
$5 \div 4 = 1 \cdots 1$	$5 \div 5 = 1$	

( )

개념 확인

2 나눗셈식을 보고 9의 약수를 모두 구해 보세요.

$9 \div 1 = 9$	$9 \div 2 = 4 \cdots 1$	$9 \div 3 = 3$
$9 \div 4 = 2 \cdots 1$	$9 \div 5 = 1 \cdots 4$	$9 \div 6 = 1 \cdots 3$
$9 \div 7 = 1 \cdots 2$	$9 \div 8 = 1 \cdots 1$	$9 \div 9 = 1$

( )

배수를 알아볼까요?

어떤 수를 1배, 2배, 3배, ... 한 수를 그 수의 **배수**라고 합니다.

2를 1배 한 수	$2 \times 1 = 2$
2를 2배 한 수	$2 \times 2 = 4$
2를 3배 한 수	$2 \times 3 = 6$
⋮	⋮

스마트 학습

2를 1배, 2배, 3배, ... 한 수는 2, 4, 6, ...입니다.

➡ 2의 배수는 2, 4, 6, ...입니다.

참고 배수의 성질
- 모든 자연수는 1의 배수입니다.
- ▨의 배수 중 가장 작은 수는 ▨입니다.
- 배수의 개수는 셀 수 없이 많습니다.

큰 수를 작은 수로 나누었을 때 나누어떨어지면 두 수는 약수와 배수의 관계야.

개념 확인

3 5의 배수를 구하려고 합니다. ⬜ 안에 알맞은 수를 써넣으세요.

5를 1배 한 수	$5 \times 1 = 5$
5를 2배 한 수	$5 \times \boxed{} = \boxed{}$
5를 3배 한 수	$5 \times \boxed{} = \boxed{}$
⋮	⋮

개념 확인

4 6의 배수를 구하려고 합니다. ⬜ 안에 알맞은 수를 써넣으세요.

6을 1배 한 수	$6 \times 1 = 6$
6을 2배 한 수	$6 \times \boxed{} = \boxed{}$
6을 3배 한 수	$6 \times \boxed{} = \boxed{}$
6을 4배 한 수	$6 \times \boxed{} = \boxed{}$
⋮	⋮

1 ☐ 안에 알맞은 수를 써넣고, 18의 약수를 모두 구해 보세요.

$18 \div \boxed{} = 18$ $\qquad$ $18 \div \boxed{} = 9$ $\qquad$ $18 \div \boxed{} = 6$

$18 \div \boxed{} = 3$ $\qquad$ $18 \div \boxed{} = 2$ $\qquad$ $18 \div \boxed{} = 1$

($\qquad$)

2 7의 배수를 모두 찾아 써 보세요.

| 25 | 28 | 32 | 36 |
| 42 | 45 | 49 | 54 |

($\qquad$)

3 곱셈식을 보고 알맞은 말에 ◯표 하세요.

$$48 = 6 \times 8$$

· 48은 6과 8의 (약수 , 배수)입니다.

· 6과 8은 48의 (약수 , 배수)입니다.

4 약수를 모두 구해 보세요.

(1) 15의 약수 ➡ ($\qquad$)

(2) 24의 약수 ➡ ($\qquad$)

(3) 36의 약수 ➡ ($\qquad$)

5 배수를 가장 작은 수부터 차례로 5개 써 보세요.

(1) 4의 배수 ➡ (   )

(2) 11의 배수 ➡ (   )

(3) 20의 배수 ➡ (   )

6 두 수가 약수와 배수의 관계인 것을 모두 찾아 ◯표 하세요.

| 3 | 14 |

(   )

| 4 | 60 |

(   )

| 8 | 30 |

(   )

| 28 | 72 |

(   )

| 17 | 51 |

(   )

| 18 | 90 |

(   )

7 약수가 가장 많은 수를 찾아 써 보세요.

25   42   75

(   )

8 옥수수가 60개, 당근이 28개, 가지가 54개 있습니다. 옥수수, 당근, 가지 중에서 9의 배수만큼 있는 채소는 무엇인가요?

(   )

02 일차 공약수와 최대공약수

공약수와 최대공약수를 알아볼까요?

두 수의 공통인 약수를 공약수라 하고 공약수 중에서 가장 큰 수를 최대공약수라고 합니다.

스마트 학습

> 12의 약수: 1, 2, 3, 4, 6, 12
>
> 15의 약수: 1, 3, 5, 15

↓

> 12와 15의 공약수: 1, 3
>
> 12와 15의 최대공약수: 3

 참고 두 수의 최대공약수의 약수는 두 수의 공약수와 같습니다.

 개념 확인

1 ☐ 안에 알맞은 수를 써넣으세요.

(1)
> 6의 약수: 1, 2, 3, 6
>
> 9의 약수: 1, 3, 9

· 6과 9의 공약수: ☐, ☐

· 6과 9의 최대공약수: ☐

(2)
> 14의 약수: 1, 2, 7, 14
>
> 21의 약수: 1, 3, 7, 21

· 14와 21의 공약수: ☐, ☐

· 14와 21의 최대공약수: ☐

(3)
> 10의 약수: 1, 2, 5, 10
>
> 20의 약수: 1, 2, 4, 5, 10, 20

· 10과 20의 공약수: ☐, ☐, ☐, ☐

· 10과 20의 최대공약수: ☐

(4)
> 16의 약수: 1, 2, 4, 8, 16
>
> 28의 약수: 1, 2, 4, 7, 14, 28

· 16과 28의 공약수: ☐, ☐, ☐

· 16과 28의 최대공약수: ☐

18과 30의 최대공약수를 구해 볼까요?

방법① 여러 수의 곱으로 나타내어 구하기

$$18 = 2 \times 3 \times 3 \qquad 30 = 2 \times 3 \times 5$$
$$\rightarrow \text{18과 30의 최대공약수: } 2 \times 3 = 6$$

스마트 학습

방법② 공약수로 나누어 구하기

18과 30의 공약수 $\rightarrow$ $2\,)\underline{18\quad 30}$
9와 15의 공약수 $\rightarrow$ $3\,)\underline{9\quad 15}$
$3\qquad 5$

$\rightarrow$ 18과 30의 최대공약수: $2 \times 3 = 6$

> 두 수를 공약수로 더 이상 나눌 수 없을 때까지 나누고, 나눈 공약수들을 모두 곱하면 최대공약수가 돼.

개념 확인

2 두 수의 최대공약수를 구해 보세요.

(1)
$$8 = 2 \times 2 \times 2$$
$$20 = 2 \times 2 \times 5$$

8과 20의 최대공약수:

$\boxed{} \times \boxed{} = \boxed{}$

(2)
$$24 = 2 \times 2 \times 2 \times 3$$
$$36 = 2 \times 2 \times 3 \times 3$$

24와 36의 최대공약수:

$\boxed{} \times \boxed{} \times \boxed{} = \boxed{}$

(3)
$2\,)\underline{12\quad 28}$
$2\,)\underline{6\quad 14}$
$3\qquad 7$

12와 28의 최대공약수:

$\boxed{} \times \boxed{} = \boxed{}$

(4)
$3\,)\underline{45\quad 60}$
$5\,)\underline{15\quad 20}$
$3\qquad 4$

45와 60의 최대공약수:

$\boxed{} \times \boxed{} = \boxed{}$

1 8과 12의 약수를 모두 쓰고, 8과 12의 공약수와 최대공약수를 구해 보세요.

8의 약수	
12의 약수	

공약수 (   )

최대공약수 (   )

2 ☐ 안에 알맞은 수를 써넣고, 두 수의 최대공약수를 구해 보세요.

(1)
$$16 = 2 \times 2 \times 2 \times \boxed{}$$
$$20 = 2 \times 2 \times \boxed{}$$

최대공약수 (   )

(2)
$$30 = 2 \times 3 \times \boxed{}$$
$$66 = 2 \times 3 \times \boxed{}$$

최대공약수 (   )

(3)
$$36 = 2 \times 2 \times 3 \times \boxed{}$$
$$52 = 2 \times 2 \times \boxed{}$$

최대공약수 (   )

(4)
$$42 = 2 \times 3 \times \boxed{}$$
$$70 = 2 \times 5 \times \boxed{}$$

최대공약수 (   )

3 공약수로 나누어 두 수의 최대공약수를 구해 보세요.

(1)   ) 11 33

최대공약수 (   )

(2)   ) 24 56

최대공약수 (   )

(3)   ) 42 56

최대공약수 (   )

(4)   ) 54 72

최대공약수 (   )

4 50과 90의 공약수가 아닌 것은 어느 것인가요? ·································· (　　　　)

① 1　　　　　　　② 2　　　　　　　　③ 5

④ 9　　　　　　　⑤ 10

5 두 수의 최대공약수가 가장 큰 것을 찾아 기호를 써 보세요.

> ㉠ (25, 40)　　　　㉡ (63, 27)　　　　㉢ (32, 48)

(　　　　　　　　)

6 어떤 두 수의 최대공약수가 다음과 같을 때 두 수의 공약수를 모두 구해 보세요.

(1) | 7 |

(2) | 18 |

(　　　　　　)　　　　　　　　(　　　　　　)

7 별 모양 쿠키 12개와 꽃 모양 쿠키 18개를 최대한 많은 학생들에게 남김없이 똑같이 나누어 주려고 합니다. 최대 몇 명에게 나누어 줄 수 있나요?

(　　　　　　　　)명

공배수와 최소공배수를 알아볼까요?

두 수의 공통인 배수를 공배수라 하고 공배수 중에서 가장 작은 수를
최소공배수라고 합니다.

> 2의 배수: 2, 4, 6, 8, 10, 12, 14, 16, 18, …
>
> 3의 배수: 3, 6, 9, 12, 15, 18, …

> 2와 3의 공배수: 6, 12, 18, …
>
> 2와 3의 최소공배수: 6

참고 두 수의 최소공배수의 배수는 두 수의 공배수와 같습니다.

개념 확인

1 안에 알맞은 수를 써넣으세요.

(1)
> 4의 배수: 4, 8, 12, 16, 20, 24, 28, 32, 36, 40, 44, …
>
> 5의 배수: 5, 10, 15, 20, 25, 30, 35, 40, 45, …

• 4와 5의 공배수: ☐, ☐, …

• 4와 5의 최소공배수: ☐

(2)
> 6의 배수: 6, 12, 18, 24, 30, 36, 42, 48, 54, 60, 66, …
>
> 9의 배수: 9, 18, 27, 36, 45, 54, 63, …

• 6과 9의 공배수: ☐, ☐, ☐, …

• 6과 9의 최소공배수: ☐

8과 20의 최소공배수를 구해 볼까요?

방법 ① 여러 수의 곱으로 나타내어 구하기

$$8=2\times2\times2 \qquad 20=2\times2\times5$$

➡ 8과 20의 최소공배수: $2\times2\times2\times5=40$

스마트 학습

방법 ② 공약수로 나누어 구하기

8과 20의 공약수 → $2\,)\,\underline{8 \quad\ \ 20}$
4와 10의 공약수 → $2\,)\,\underline{4 \quad\ \ 10}$
$\qquad\qquad\qquad\qquad 2 \quad\ \ \ 5$

➡ 8과 20의 최소공배수: $2\times2\times2\times5=40$

> 두 수를 공약수로 더 이상 나눌 수 없을 때까지 나누고, 나눈 공약수들과 몫을 모두 곱하면 최소공배수가 돼.

개념 확인

2 두 수의 최소공배수를 구해 보세요.

(1)
$$6=2\times3$$
$$14=2\times7$$

6과 14의 최소공배수:

$2\times\boxed{}\times\boxed{}=\boxed{}$

(2)
$$28=2\times2\times7$$
$$42=2\times3\times7$$

28과 42의 최소공배수:

$2\times7\times\boxed{}\times\boxed{}=\boxed{}$

(3)
$2\,)\,\underline{12 \quad\ \ 18}$
$3\,)\,\underline{\ 6 \quad\ \ \ 9}$
$\qquad\ \ 2 \quad\ \ \ 3$

12와 18의 최소공배수:

$2\times\boxed{}\times\boxed{}\times\boxed{}=\boxed{}$

(4)
$3\,)\,\underline{30 \quad\ \ 45}$
$5\,)\,\underline{10 \quad\ \ 15}$
$\qquad\ \ 2 \quad\ \ \ 3$

30과 45의 최소공배수:

$3\times\boxed{}\times\boxed{}\times\boxed{}=\boxed{}$

1 3과 5의 배수를 가장 작은 수부터 차례로 쓰고, 3과 5의 공배수와 최소공배수를 구해 보세요. (단, 공배수는 표에서 찾아 써 보세요.)

3의 배수										...
5의 배수										...

공배수 (   )

최소공배수 (   )

2 ☐ 안에 알맞은 수를 써넣고, 두 수의 최소공배수를 구해 보세요.

(1)

$6 = 2 \times \boxed{}$

$8 = 2 \times 2 \times \boxed{}$

최소공배수 (   )

(2)

$9 = 3 \times \boxed{}$

$15 = 3 \times \boxed{}$

최소공배수 (   )

(3)

$20 = 2 \times 2 \times \boxed{}$

$30 = 2 \times 3 \times \boxed{}$

최소공배수 (   )

(4)

$18 = 2 \times 3 \times \boxed{}$

$24 = 2 \times 2 \times 2 \times \boxed{}$

최소공배수 (   )

3 공약수로 나누어 두 수의 최소공배수를 구해 보세요.

(1) $\overline{)\,10\quad 12}$

최소공배수 (   )

(2) $\overline{)\,21\quad 28}$

최소공배수 (   )

(3) $\overline{)\,16\quad 36}$

최소공배수 (   )

(4) $\overline{)\,42\quad 60}$

최소공배수 (   )

4 어떤 두 수의 최소공배수가 6일 때 두 수의 공배수가 아닌 것을 찾아 써 보세요.

| 6 | 18 | 36 | 44 | 60 |

(   )

5 두 수의 최소공배수를 잘못 구한 친구의 이름을 써 보세요.

52와 39의 최소공배수는 156이야.

40과 16의 최소공배수는 60이야.

지혜

성훈

(   )

6 두 수의 최소공배수가 100에 가장 가까운 것을 찾아 ○표 하세요.

| 32 24 | 54 72 | 45 90 |

(   )   (   )   (   )

7 줄넘기를 미희는 3일마다 하고, 진우는 4일마다 합니다. 미희와 진우가 오늘 줄넘기를 했다면 다음번에 두 사람이 함께 줄넘기를 하는 날은 며칠 후인가요?

(   )일 후

크기가 같은 분수를 알아볼까요?

스마트 학습

방법① 그림을 이용하여 알아보기

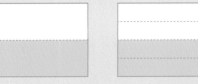

$\dfrac{1}{2}$

$\dfrac{2}{4}$

$\dfrac{1}{2}$과 $\dfrac{2}{4}$는 색칠한 부분의 크기가 같으므로 크기가 같은 분수입니다.

방법② 수직선을 이용하여 알아보기

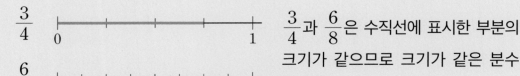

$\dfrac{3}{4}$

$\dfrac{6}{8}$

$\dfrac{3}{4}$과 $\dfrac{6}{8}$은 수직선에 표시한 부분의 크기가 같으므로 크기가 같은 분수입니다.

개념 확인

1 분수만큼 색칠하고 알맞은 말에 ◯표 하세요.

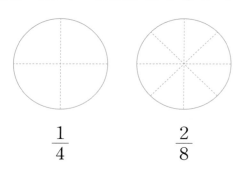

$\dfrac{1}{4}$

$\dfrac{2}{8}$

$\dfrac{1}{4}$과 $\dfrac{2}{8}$는 색칠한 부분의

크기가 (같으므로 , 다르므로)

크기가 (같은 , 다른) 분수입니다.

개념 확인

2 분수만큼 수직선에 표시하고 알맞은 말에 ◯표 하세요.

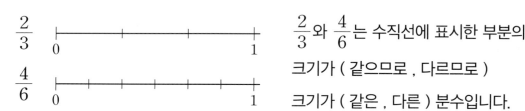

$\dfrac{2}{3}$

$\dfrac{4}{6}$

$\dfrac{2}{3}$와 $\dfrac{4}{6}$는 수직선에 표시한 부분의

크기가 (같으므로 , 다르므로)

크기가 (같은 , 다른) 분수입니다.

크기가 같은 분수를 만들어 볼까요?

방법 ① 곱셈을 이용하여 크기가 같은 분수 만들기

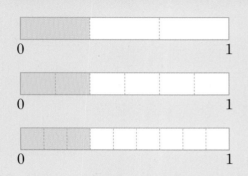

$$\frac{1}{3} = \frac{2}{6} = \frac{3}{9}$$

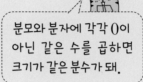

분모와 분자에 각각 0이 아닌 같은 수를 곱하면 크기가 같은 분수가 돼.

스마트 학습

방법 ② 나눗셈을 이용하여 크기가 같은 분수 만들기

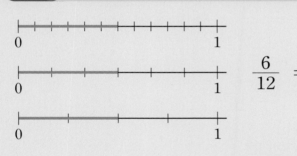

$$\frac{6}{12} = \frac{3}{6} = \frac{2}{4}$$

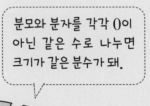

분모와 분자를 각각 0이 아닌 같은 수로 나누면 크기가 같은 분수가 돼.

개념 확인

3 그림을 보고 크기가 같은 분수가 되도록 ☐ 안에 알맞은 수를 써넣으세요.

(1)

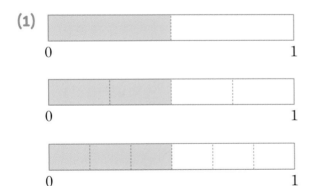

$$\frac{1}{2} = \frac{1 \times \boxed{}}{2 \times \boxed{}} = \frac{1 \times \boxed{}}{2 \times \boxed{}}$$

(2)

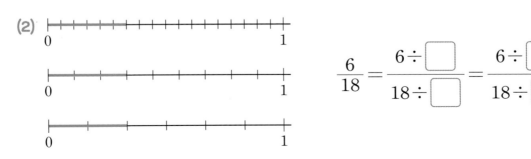

$$\frac{6}{18} = \frac{6 \div \boxed{}}{18 \div \boxed{}} = \frac{6 \div \boxed{}}{18 \div \boxed{}}$$

1 분수만큼 색칠하고 크기가 같은 분수를 써 보세요.

(1)

$\frac{1}{3}$

$\frac{2}{5}$

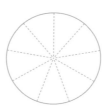
$\frac{3}{9}$

크기가 같은 분수는 ☐과 ☐입니다.

(2)
$\frac{3}{5}$ $\frac{1}{2}$ $\frac{6}{10}$

크기가 같은 분수는 ☐과 ☐입니다.

2 분수만큼 수직선에 표시하고 크기가 같은 분수를 써 보세요.

$\frac{9}{12}$ 0 ┠─┼─┼─┼─┼─┼─┼─┼─┼─┼─┼─┨ 1

$\frac{5}{6}$ 0 ┠─┼─┼─┼─┼─┼─┨ 1

$\frac{3}{4}$ 0 ┠───┼───┼───┼───┨ 1

크기가 같은 분수는 ☐와 ☐입니다.

3 크기가 같은 분수가 되도록 ☐ 안에 알맞은 수를 써넣으세요.

(1) $\frac{2}{3} = \frac{\square}{6} = \frac{6}{\square} = \frac{\square}{12}$

(2) $\frac{8}{32} = \frac{4}{\square} = \frac{\square}{8} = \frac{1}{\square}$

22

4 크기가 같은 분수를 분모가 가장 작은 것부터 차례로 3개 써 보세요.

(1) $\dfrac{1}{5}$ ➜ (   )   (2) $\dfrac{2}{7}$ ➜ (   )

5 크기가 같은 분수끼리 이어 보세요.

$\dfrac{15}{24}$ •   • $\dfrac{3}{4}$

$\dfrac{21}{28}$ •   • $\dfrac{5}{8}$

$\dfrac{8}{36}$ •   • $\dfrac{2}{9}$

6 크기가 같은 분수끼리 짝 지어지지 않은 것을 찾아 기호를 써 보세요.

$\bigcirc\left(\dfrac{12}{40},\dfrac{3}{10}\right)$ $\bigcirc\left(\dfrac{5}{27},\dfrac{15}{81}\right)$ $\bigcirc\left(\dfrac{42}{56},\dfrac{5}{8}\right)$

(   )

7 우유를 민재는 $\dfrac{5}{6}$ 컵, 지훈이는 $\dfrac{12}{18}$ 컵, 은지는 $\dfrac{30}{36}$ 컵 마셨습니다. 같은 양의 우유를 마신 두 친구의 이름을 써 보세요. (단, 컵의 크기는 모두 같습니다.)

(,   )

약분과 기약분수를 알아볼까요?

(1) 약분

분모와 분자를 1이 아닌 공약수로 나누는 것을 **약분**한다고 합니다.

- $\dfrac{4}{12}$ 를 약분하기

  └→ 12와 4의 공약수: 1, 2, 4

$$\dfrac{4}{12} = \dfrac{4 \div 2}{12 \div 2} = \dfrac{2}{6} \qquad \dfrac{4}{12} = \dfrac{4 \div 4}{12 \div 4} = \dfrac{1}{3}$$

> 약분은 이렇게 나타낼 수도 있어.
> $$\dfrac{\overset{1}{\cancel{4}}}{\underset{3}{\cancel{12}}} = \dfrac{1}{3}$$

참고 1을 제외한 공약수로 분모와 분자를 나눕니다.

(2) 기약분수

더 이상 약분할 수 없는 분수를 **기약분수**라 하고, 기약분수는 분모와 분자의 공약수가 1뿐입니다.

- $\dfrac{4}{12}$ 를 기약분수로 나타내기

  └→ 12와 4의 최대공약수: 4

$$\dfrac{4}{12} = \dfrac{4 \div 4}{12 \div 4} = \dfrac{1}{3} \quad\rceil\ \text{1과 3의 공약수는 1뿐입니다.}$$

참고 분모와 분자를 각각 분모와 분자의 최대공약수로 나누면 기약분수가 됩니다.

개념 확인

1 $\dfrac{18}{27}$ 을 약분하려고 합니다. ⬜ 안에 알맞은 수를 써넣으세요.

(1) 분모 27과 분자 18의 공약수는 1, ⬜, ⬜ 입니다.

(2) $\dfrac{18}{27} = \dfrac{18 \div \boxed{}}{27 \div 3} = \dfrac{\boxed{}}{\boxed{}}$, $\dfrac{18}{27} = \dfrac{18 \div \boxed{}}{27 \div \boxed{}} = \dfrac{\boxed{}}{\boxed{}}$

개념 확인

2 분수를 기약분수로 나타내려고 합니다. ⬜ 안에 알맞은 수를 써넣으세요.

(1) $\dfrac{15}{25} = \dfrac{15 \div 5}{25 \div \boxed{}} = \dfrac{\boxed{}}{\boxed{}}$

(2) $\dfrac{42}{60} = \dfrac{42 \div \boxed{}}{60 \div \boxed{}} = \dfrac{\boxed{}}{\boxed{}}$

통분과 공통분모를 알아볼까요?

분모가 서로 다른 분수의 분모를 같게 하는 것을 통분한다고 합니다.
통분한 분모를 공통분모라 하고, 두 분수의 공통분모는 두 분모의 공배수입니다.

스마트 학습

- $\dfrac{3}{4}$과 $\dfrac{1}{6}$을 통분하기

방법 ① 두 분모의 곱을 공통분모로 하여 통분하기

$$\left(\dfrac{3}{4},\ \dfrac{1}{6}\right) \rightarrow \left(\dfrac{3\times6}{4\times6},\ \dfrac{1\times4}{6\times4}\right) \rightarrow \left(\dfrac{18}{24},\ \dfrac{4}{24}\right)$$

↳ 4와 6의 곱: 24

방법 ② 두 분모의 최소공배수를 공통분모로 하여 통분하기

$$\left(\dfrac{3}{4},\ \dfrac{1}{6}\right) \rightarrow \left(\dfrac{3\times3}{4\times3},\ \dfrac{1\times2}{6\times2}\right) \rightarrow \left(\dfrac{9}{12},\ \dfrac{2}{12}\right)$$

↳ 4와 6의 최소공배수: 12

개념 확인

3 $\dfrac{1}{3}$과 $\dfrac{4}{9}$를 통분하려고 합니다. ☐ 안에 알맞은 수를 써넣으세요.

(1) 두 분모의 곱을 공통분모로 하여 통분해 보세요.

$$\left(\dfrac{1}{3},\ \dfrac{4}{9}\right) \rightarrow \left(\dfrac{1\times\square}{3\times\square},\ \dfrac{4\times\square}{9\times\square}\right) \rightarrow \left(\dfrac{\square}{\square},\ \dfrac{\square}{\square}\right)$$

(2) 두 분모의 최소공배수를 공통분모로 하여 통분해 보세요.

$$\left(\dfrac{1}{3},\ \dfrac{4}{9}\right) \rightarrow \left(\dfrac{1\times\square}{3\times\square},\ \dfrac{4}{9}\right) \rightarrow \left(\dfrac{\square}{\square},\ \dfrac{4}{9}\right)$$

1 약분한 분수를 모두 써 보세요.

(1) $\dfrac{27}{36}$ → (   )   (2) $\dfrac{20}{30}$ → (   )

2 기약분수로 나타내 보세요.

(1) $\dfrac{16}{28}$ → (   )   (2) $\dfrac{18}{48}$ → (   )

3 두 분모의 곱을 공통분모로 하여 통분해 보세요.

(1) $\left(\dfrac{2}{3}, \dfrac{1}{4}\right)$ → (,   )   (2) $\left(\dfrac{3}{5}, \dfrac{2}{7}\right)$ → (,   )

(3) $\left(\dfrac{5}{8}, \dfrac{4}{7}\right)$ → (,   )   (4) $\left(\dfrac{5}{9}, \dfrac{3}{10}\right)$ → (,   )

4 두 분모의 최소공배수를 공통분모로 하여 통분해 보세요.

(1) $\left(\dfrac{7}{8}, \dfrac{5}{6}\right)$ → (,   )   (2) $\left(\dfrac{3}{4}, \dfrac{9}{10}\right)$ → (,   )

(3) $\left(\dfrac{5}{12}, \dfrac{4}{15}\right)$ → (,   )   (4) $\left(\dfrac{1}{6}, \dfrac{11}{20}\right)$ → (,   )

5 $\dfrac{2}{3}$와 $\dfrac{5}{6}$를 통분하려고 합니다. 공통분모가 될 수 있는 수를 모두 찾아 ◯표 하세요.

> 4   12   16   6   10   18

6 다음 진분수가 기약분수일 때 ☐ 안에 들어갈 수 있는 수를 모두 써 보세요.

(1) $\dfrac{\square}{8}$ ➡ (   )   (2) $\dfrac{\square}{12}$ ➡ (   )

7 두 분수를 통분한 것입니다. ☐ 안에 알맞은 수를 써넣으세요.

(1) $\left(\dfrac{\square}{4} , \dfrac{4}{\square} \right)$ ➡ $\left(\dfrac{27}{36} , \dfrac{16}{36} \right)$ (2) $\left(\dfrac{\square}{8} , \dfrac{5}{\square} \right)$ ➡ $\left(\dfrac{21}{24} , \dfrac{10}{24} \right)$

8 진영이는 딸기 30개 중에서 12개를 딸기 케이크를 장식하는 데 사용하였습니다. 진영이가 사용한 딸기는 전체의 몇 분의 몇인지 기약분수로 나타내 보세요.

(   )

분모가 다른 분수의 크기를 비교해 볼까요?

(1) 분모가 다른 진분수의 크기 비교

- $\dfrac{1}{4}$과 $\dfrac{5}{6}$의 크기 비교

$$\left(\dfrac{1}{4}, \dfrac{5}{6}\right) \xrightarrow{\text{통분}} \left(\dfrac{3}{12}, \dfrac{10}{12}\right) \rightarrow \dfrac{1}{4} < \dfrac{5}{6}$$

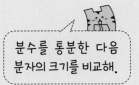

분수를 통분한 다음 분자의 크기를 비교해.

(2) 분모가 다른 대분수의 크기 비교

- $1\dfrac{3}{5}$과 $2\dfrac{1}{2}$의 크기 비교

$$\left(1\dfrac{3}{5}, 2\dfrac{1}{2}\right) \xrightarrow{\text{자연수의 크기 비교}} 1 < 2 \rightarrow 1\dfrac{3}{5} < 2\dfrac{1}{2}$$

- $2\dfrac{3}{4}$과 $2\dfrac{5}{6}$의 크기 비교

$$\left(2\dfrac{3}{4}, 2\dfrac{5}{6}\right) \xrightarrow{\text{통분}} \left(2\dfrac{9}{12}, 2\dfrac{10}{12}\right) \rightarrow 2\dfrac{3}{4} < 2\dfrac{5}{6}$$

자연수의 크기를 먼저 비교하고 자연수의 크기가 같으면 분수를 통분한 다음 분자의 크기를 비교해.

개념 확인

1 두 분수의 크기를 비교하려고 합니다. 빈 곳에 알맞게 써넣으세요.

(1) $\left(\dfrac{2}{3}, \dfrac{3}{5}\right) \rightarrow \left(\dfrac{\boxed{}}{15}, \dfrac{\boxed{}}{15}\right) \rightarrow \dfrac{2}{3} \bigcirc \dfrac{3}{5}$

(2) $\left(\dfrac{5}{9}, \dfrac{7}{12}\right) \rightarrow \left(\dfrac{\boxed{}}{36}, \dfrac{\boxed{}}{36}\right) \rightarrow \dfrac{5}{9} \bigcirc \dfrac{7}{12}$

(3) $\left(2\dfrac{9}{10}, 3\dfrac{1}{8}\right) \rightarrow 2 \bigcirc 3 \rightarrow 2\dfrac{9}{10} \bigcirc 3\dfrac{1}{8}$

(4) $\left(1\dfrac{6}{7}, 1\dfrac{7}{8}\right) \rightarrow \left(1\dfrac{\boxed{}}{56}, 1\dfrac{\boxed{}}{56}\right) \rightarrow 1\dfrac{6}{7} \bigcirc 1\dfrac{7}{8}$

(5) $\left(3\dfrac{2}{15}, 3\dfrac{3}{20}\right) \rightarrow \left(3\dfrac{\boxed{}}{60}, 3\dfrac{\boxed{}}{60}\right) \rightarrow 3\dfrac{2}{15} \bigcirc 3\dfrac{3}{20}$

스마트 학습

분수와 소수의 크기를 비교해 볼까요?

- $\frac{3}{5}$과 0.7의 크기 비교

스마트 학습

방법 ① 분수를 소수로 나타내어 크기 비교하기

$$\frac{3}{5} = \frac{6}{10} = 0.6$$이므로 $0.6 < 0.7$ → $\frac{3}{5} < 0.7$

방법 ② 소수를 분수로 나타내어 크기 비교하기

$$\frac{3}{5} = \frac{6}{10},\ 0.7 = \frac{7}{10}$$이므로 $\frac{6}{10} < \frac{7}{10}$ → $\frac{3}{5} < 0.7$

참고 분수와 소수의 관계
- 분수를 소수로 나타낼 때 분모를 10, 100, 1000으로 고친 다음 소수로 나타냅니다.
- 소수를 분수로 나타낼 때 소수 한 자리 수는 분모가 10, 소수 두 자리 수는 분모가 100, 소수 세 자리 수는 분모가 1000인 분수로 나타냅니다.

개념 확인

2 분수를 소수로, 소수를 분수로 나타내려고 합니다. ☐ 안에 알맞은 수를 써넣으세요.

(1) $\frac{17}{25} = \dfrac{\boxed{}}{100} = \boxed{}$

(2) $0.17 = \dfrac{\boxed{}}{100}$

개념 확인

3 $\frac{2}{5}$와 0.3의 크기를 비교하려고 합니다. 빈 곳에 알맞게 써넣으세요.

(1) 분수를 소수로 나타내어 크기를 비교해 보세요.

$$\frac{2}{5} = \dfrac{\boxed{}}{10} = \boxed{} \rightarrow \frac{2}{5} \bigcirc 0.3$$

(2) 소수를 분수로 나타내어 크기를 비교해 보세요.

$$\frac{2}{5} = \dfrac{\boxed{}}{10},\ 0.3 = \dfrac{\boxed{}}{10} \rightarrow \frac{2}{5} \bigcirc 0.3$$

1 두 분수의 크기를 비교하여 ○ 안에 >, =, <를 알맞게 써넣으세요.

(1) $\dfrac{1}{3}$ ○ $\dfrac{2}{5}$

(2) $\dfrac{3}{4}$ ○ $\dfrac{7}{8}$

(3) $\dfrac{3}{8}$ ○ $\dfrac{5}{12}$

(4) $\dfrac{3}{10}$ ○ $\dfrac{5}{18}$

(5) $\dfrac{5}{6}$ ○ $\dfrac{13}{15}$

(6) $\dfrac{11}{16}$ ○ $\dfrac{13}{20}$

2 더 작은 수에 ○표 하세요.

(1) $1\dfrac{2}{3}$ $3\dfrac{5}{8}$

(2) $5\dfrac{11}{20}$ $4\dfrac{23}{40}$

(3) $2\dfrac{7}{10}$ $2\dfrac{3}{4}$

(4) $3\dfrac{7}{12}$ $3\dfrac{5}{9}$

3 두 수의 크기를 비교하여 더 큰 수를 빈칸에 써넣으세요.

(1)

| $\dfrac{4}{5}$ | 0.7 |

(2)

| $\dfrac{1}{4}$ | 0.2 |

(3)

| 1.8 | $1\dfrac{3}{4}$ |

(4)

| 0.31 | $\dfrac{9}{25}$ |

4 두 분수의 크기를 잘못 비교한 친구의 이름을 써 보세요.

$$\frac{5}{9} < \frac{8}{15}$$

채정

$$\frac{5}{6} > \frac{3}{4}$$

민재

(   )

5 두 분수의 크기를 비교하여 더 큰 분수를 위의 빈칸에 써넣으세요.

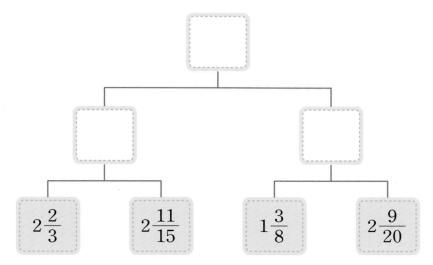

$2\frac{2}{3}$ $2\frac{11}{15}$ $1\frac{3}{8}$ $2\frac{9}{20}$

6 분수와 소수의 크기를 비교하여 가장 큰 수를 찾아 써 보세요.

$$\frac{13}{20} \qquad 0.51 \qquad \frac{14}{25}$$

(   )

7 사과가 2.4 kg, 포도가 $2\frac{3}{8}$ kg 있습니다. 사과와 포도 중 어느 것이 더 많은 가요?

(   )

마무리 하기

1 다음 수 중에서 48의 약수가 아닌 것은 어느 것인가요? ⋯⋯⋯⋯⋯⋯ (   )

① 4   ② 6

③ 9   ④ 12

⑤ 24

2 두 수가 약수와 배수의 관계인 것에 ○표, 아닌 것에 ✕표 하세요.

(1) 5 │ 12

(   )

(2) 8 │ 32

(   )

(3) 13 │ 42

(   )

(4) 25 │ 75

(   )

3 두 수의 최대공약수를 구해 보세요.

(1) 18   63

(   )

(2) 48   80

(   )

4 어떤 두 수의 최대공약수가 45일 때 두 수의 공약수는 모두 몇 개인지 구해 보세요.

(   )개

5 공배수와 최소공배수에 대한 설명입니다. 바르게 설명한 친구의 이름을 써 보세요.

두 수의 곱은 두 수의 공배수야.

공배수 중에서 가장 큰 수는 최소공배수야.

두 수의 공배수는 두 수의 최소공배수의 약수야.

수한   소진   지우

(   )

6 크기가 같은 분수를 분모가 가장 작은 것부터 차례로 3개 써 보세요.

(1) $\dfrac{2}{9}$ → (   )   (2) $\dfrac{3}{10}$ → (   )

7 기약분수를 모두 찾아 써 보세요.

$$\dfrac{6}{8} \qquad \dfrac{3}{5} \qquad \dfrac{7}{11} \qquad \dfrac{5}{15} \qquad \dfrac{14}{20} \qquad \dfrac{19}{21}$$

(   )

8 어떤 두 기약분수를 통분하였더니 $\dfrac{18}{45}$과 $\dfrac{25}{45}$가 되었습니다. 통분하기 전의 두 분수를 구해 보세요.

(,   )

9 $\dfrac{48}{72}$과 크기가 같은 분수를 모두 찾아 써 보세요.

$$\dfrac{12}{16} \qquad \dfrac{7}{8} \qquad \dfrac{16}{24} \qquad \dfrac{6}{9}$$

(   )

10 $\dfrac{9}{14}$와 $\dfrac{10}{21}$을 통분하려고 합니다. 공통분모가 될 수 있는 수 중에서 100보다 작은 수를 모두 찾아 써 보세요.

(   )

11 두 분수의 크기를 비교하여 ◯ 안에 >, =, <를 알맞게 써넣으세요.

(1) $1\dfrac{5}{8}$ ◯ $1\dfrac{13}{18}$ (2) $5\dfrac{7}{25}$ ◯ 5.28

12 수영장에 은지는 2일마다 가고, 지훈이는 3일마다 갑니다. 은지와 지훈이가 4월 1일에 함께 수영장에 갔다면 두 사람이 4월 동안 함께 수영장에 간 날은 모두 며칠인가요?

(   )일

13 지우와 친구들은 딸기밭에 가서 딸기를 땄습니다. 딸기를 지우는 $\frac{5}{8}$ kg, 영진이는 0.7 kg, 민호는 $\frac{17}{24}$ kg 땄다면 세 친구 중 딸기를 가장 많이 딴 친구는 누구인가요?

(   )

빠른
개념 찾기

틀린 문제는 개념을
다시 확인해 보세요.

07일차
정답 확인

개념	문제 번호
01일차 약수와 배수	1, 2
02일차 공약수와 최대공약수	3, 4
03일차 공배수와 최소공배수	5, 12
04일차 크기가 같은 분수	6, 9
05일차 약분과 통분	7, 8, 10
06일차 분수의 크기 비교	11, 13

우리가 살아가야 할 지구, 이 지구를 지키기 위해 우리는 생활 속에서 항상 환경을 지키려는 노력을 해야 합니다. 학교에서 찾을 수 있는 환경지킴이를 찾아 ◯표 하세요.

2장

분수의 덧셈과 뺄셈

08일차	분모가 다른 (진분수)+(진분수)(1)_받아올림이 없는 계산	월	일
09일차	분모가 다른 (진분수)+(진분수)(2)_받아올림이 있는 계산	월	일
10일차	분모가 다른 (대분수)+(대분수)(1)_받아올림이 없는 계산	월	일
11일차	분모가 다른 (대분수)+(대분수)(2)_받아올림이 있는 계산	월	일
12일차	분모가 다른 (진분수)-(진분수)	월	일
13일차	분모가 다른 (대분수)-(대분수)(1)_받아내림이 없는 계산	월	일
14일차	분모가 다른 (대분수)-(대분수)(2)_받아내림이 있는 계산	월	일
15일차	마무리 하기	월	일

공부 계획

08 일차

$\dfrac{1}{2} + \dfrac{1}{4}$ 을 계산해 볼까요?

방법 ① 그림을 이용하여 계산하기

$\dfrac{1}{2} = \dfrac{2}{4}$ $+$ $\dfrac{1}{4}$

$$\dfrac{1}{2} + \dfrac{1}{4} = \dfrac{2}{4} + \dfrac{1}{4} = \dfrac{3}{4}$$

개념 확인

1 분수만큼 색칠하고, ☐ 안에 알맞은 수를 써넣으세요.

(1) $\dfrac{1}{4}$ $\dfrac{5}{8}$

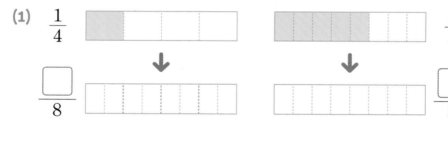

$\dfrac{\square}{8}$ $\dfrac{\square}{8}$

$$\dfrac{1}{4} + \dfrac{5}{8} = \dfrac{\square}{8} + \dfrac{\square}{8} = \dfrac{\square}{8}$$

(2) $\dfrac{1}{2}$ $\dfrac{1}{5}$

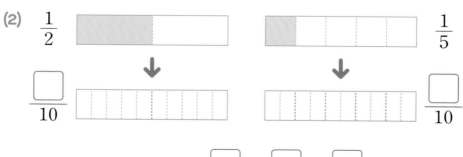

$\dfrac{\square}{10}$ $\dfrac{\square}{10}$

$$\dfrac{1}{2} + \dfrac{1}{5} = \dfrac{\square}{10} + \dfrac{\square}{10} = \dfrac{\square}{10}$$

방법 ② 두 분모의 곱을 공통분모로 하여 통분한 후 계산하기

$$\frac{1}{2} + \frac{1}{4} = \frac{1\times4}{2\times4} + \frac{1\times2}{4\times2} = \frac{4}{8} + \frac{2}{8} = \frac{\overset{3}{\cancel{6}}}{\underset{4}{\cancel{8}}} = \frac{3}{4}$$

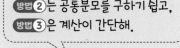

계산 결과는 기약분수로 나타내.

분모의 곱으로 통분하기

방법 ③ 두 분모의 최소공배수를 공통분모로 하여 통분한 후 계산하기

$$\frac{1}{2} + \frac{1}{4} = \frac{1\times2}{2\times2} + \frac{1}{4} = \frac{2}{4} + \frac{1}{4} = \frac{3}{4}$$

방법 ②는 공통분모를 구하기 쉽고, **방법 ③**은 계산이 간단해.

최소공배수 4로 통분하기

2 두 분모의 곱을 공통분모로 하여 통분한 후 계산하려고 합니다. ☐ 안에 알맞은 수를 써넣으세요.

(1) $\dfrac{1}{3} + \dfrac{3}{5} = \dfrac{1\times5}{3\times5} + \dfrac{3\times\boxed{}}{5\times3} = \dfrac{5}{15} + \dfrac{\boxed{}}{15} = \dfrac{\boxed{}}{15}$

(2) $\dfrac{1}{2} + \dfrac{1}{6} = \dfrac{1\times\boxed{}}{2\times6} + \dfrac{1\times\boxed{}}{6\times2} = \dfrac{\boxed{}}{12} + \dfrac{\boxed{}}{12} = \dfrac{\boxed{}}{12} = \dfrac{\boxed{}}{3}$

3 두 분모의 최소공배수를 공통분모로 하여 통분한 후 계산하려고 합니다. ☐ 안에 알맞은 수를 써넣으세요.

(1) $\dfrac{1}{10} + \dfrac{3}{4} = \dfrac{1\times2}{10\times2} + \dfrac{3\times\boxed{}}{4\times5} = \dfrac{\boxed{}}{20} + \dfrac{\boxed{}}{20} = \dfrac{\boxed{}}{20}$

(2) $\dfrac{2}{9} + \dfrac{5}{12} = \dfrac{2\times\boxed{}}{9\times4} + \dfrac{5\times\boxed{}}{12\times3} = \dfrac{\boxed{}}{36} + \dfrac{\boxed{}}{36} = \dfrac{\boxed{}}{36}$

1 보기와 같이 계산해 보세요.

보기

$$\frac{1}{3} + \frac{1}{6} = \frac{1 \times 6}{3 \times 6} + \frac{1 \times 3}{6 \times 3} = \frac{6}{18} + \frac{3}{18} = \frac{\overset{1}{\cancel{9}}}{\underset{2}{\cancel{18}}} = \frac{1}{2}$$

(1) $\dfrac{1}{2} + \dfrac{1}{3}$

(2) $\dfrac{1}{4} + \dfrac{1}{6}$

2 보기와 같이 계산해 보세요.

보기

$$\frac{1}{6} + \frac{1}{8} = \frac{1 \times 4}{6 \times 4} + \frac{1 \times 3}{8 \times 3} = \frac{4}{24} + \frac{3}{24} = \frac{7}{24}$$

(1) $\dfrac{5}{8} + \dfrac{3}{10}$

(2) $\dfrac{2}{5} + \dfrac{4}{15}$

3 계산해 보세요.

(1) $\dfrac{1}{4} + \dfrac{1}{7}$ 　　　　　　　　(2) $\dfrac{1}{3} + \dfrac{3}{8}$

(3) $\dfrac{2}{5} + \dfrac{4}{9}$ 　　　　　　　　(4) $\dfrac{1}{6} + \dfrac{3}{10}$

(5) $\dfrac{3}{16} + \dfrac{5}{12}$ 　　　　　　　(6) $\dfrac{5}{18} + \dfrac{7}{24}$

4 두 분수의 합을 구해 보세요.

(1)
$$\frac{3}{4} \qquad \frac{1}{8}$$

(   )

(2)
$$\frac{1}{10} \qquad \frac{4}{15}$$

(   )

5 계산 결과를 찾아 이어 보세요.

$\frac{1}{6}+\frac{4}{9}$ •

$\frac{7}{12}+\frac{4}{15}$ •

$\frac{9}{14}+\frac{5}{21}$ •

• $\frac{11}{18}$

• $\frac{37}{42}$

• $\frac{17}{20}$

6 계산 결과를 비교하여 ◯ 안에 >, =, < 를 알맞게 써넣으세요.

$$\frac{3}{10}+\frac{13}{25} \bigcirc \frac{2}{5}+\frac{9}{20}$$

7 은지는 오늘 아침에 물을 $\frac{1}{3}$ L, 낮에 물을 $\frac{7}{15}$ L 마셨습니다. 은지가 오늘 아침과 낮에 마신 물은 모두 몇 L인가요?

식

답   L

08일차 정답 확인

하루한장 앱에서
학습 인증하고
하루템을 모으세요!

41

09 일차

$\dfrac{5}{6}+\dfrac{1}{3}$ 을 계산해 볼까요?

방법 ① 그림을 이용하여 계산하기

스마트 학습

$\dfrac{5}{6}$ [ ] $+$ [ ] $\dfrac{1}{3}=\dfrac{2}{6}$

↓

$$\dfrac{5}{6}+\dfrac{1}{3}=\dfrac{5}{6}+\dfrac{2}{6}=\dfrac{7}{6}=1\dfrac{1}{6}$$

개념 확인

1 분수만큼 색칠하고, ☐ 안에 알맞은 수를 써넣으세요.

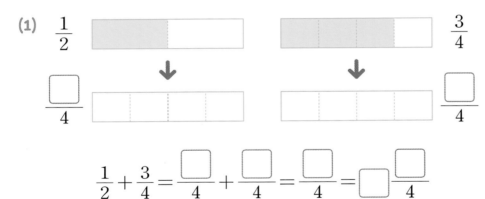

(1) $\dfrac{1}{2}$ [ ]   [ ] $\dfrac{3}{4}$

$\dfrac{\boxed{}}{4}$ ↓ [ ]   [ ] ↓ $\dfrac{\boxed{}}{4}$

$$\dfrac{1}{2}+\dfrac{3}{4}=\dfrac{\boxed{}}{4}+\dfrac{\boxed{}}{4}=\dfrac{\boxed{}}{4}=\boxed{}\dfrac{\boxed{}}{4}$$

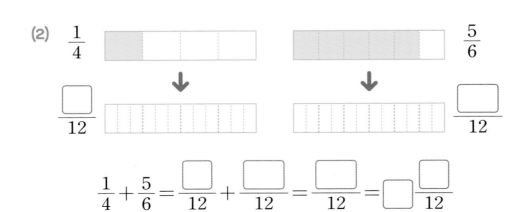

(2) $\dfrac{1}{4}$ [ ]   [ ] $\dfrac{5}{6}$

$\dfrac{\boxed{}}{12}$ ↓ [ ]   [ ] ↓ $\dfrac{\boxed{}}{12}$

$$\dfrac{1}{4}+\dfrac{5}{6}=\dfrac{\boxed{}}{12}+\dfrac{\boxed{}}{12}=\dfrac{\boxed{}}{12}=\boxed{}\dfrac{\boxed{}}{12}$$

$$\frac{5}{6}+\frac{1}{3}=\frac{5\times3}{6\times3}+\frac{1\times6}{3\times6}=\frac{15}{18}+\frac{6}{18}=\frac{21}{18}=1\frac{\overset{1}{\cancel{3}}}{\underset{6}{\cancel{18}}}=1\frac{1}{6}$$

분모의 곱으로 통분하기

계산 결과가 가분수이면 대분수로 바꾸고 기약분수로 나타내.

$$\frac{5}{6}+\frac{1}{3}=\frac{5}{6}+\frac{1\times2}{3\times2}=\frac{5}{6}+\frac{2}{6}=\frac{7}{6}=1\frac{1}{6}$$

최소공배수 6으로 통분하기

개념 확인

2 두 분모의 곱을 공통분모로 하여 통분한 후 계산하려고 합니다. ☐ 안에 알맞은 수를 써넣으세요.

(1) $\dfrac{6}{7}+\dfrac{1}{4}=\dfrac{6\times4}{7\times4}+\dfrac{1\times\boxed{}}{4\times7}=\dfrac{24}{28}+\dfrac{\boxed{}}{28}=\dfrac{\boxed{}}{28}=\boxed{}\dfrac{\boxed{}}{28}$

(2) $\dfrac{4}{9}+\dfrac{2}{3}=\dfrac{4\times\boxed{}}{9\times3}+\dfrac{2\times\boxed{}}{3\times9}=\dfrac{\boxed{}}{27}+\dfrac{\boxed{}}{27}=\dfrac{\boxed{}}{27}$

$\phantom{(2)\,\dfrac{4}{9}+\dfrac{2}{3}}=\boxed{}\dfrac{\boxed{}}{27}=\boxed{}\dfrac{\boxed{}}{9}$

개념 확인

3 두 분모의 최소공배수를 공통분모로 하여 통분한 후 계산하려고 합니다. ☐ 안에 알맞은 수를 써넣으세요.

(1) $\dfrac{5}{6}+\dfrac{7}{12}=\dfrac{5\times\boxed{}}{6\times2}+\dfrac{7}{12}=\dfrac{\boxed{}}{12}+\dfrac{\boxed{}}{12}=\dfrac{\boxed{}}{12}=\boxed{}\dfrac{\boxed{}}{12}$

(2) $\dfrac{1}{8}+\dfrac{9}{10}=\dfrac{1\times\boxed{}}{8\times5}+\dfrac{9\times\boxed{}}{10\times4}=\dfrac{\boxed{}}{40}+\dfrac{\boxed{}}{40}=\dfrac{\boxed{}}{40}=\boxed{}\dfrac{\boxed{}}{40}$

1 보기와 같이 계산해 보세요.

보기

$$\frac{1}{2}+\frac{7}{8}=\frac{1\times 8}{2\times 8}+\frac{7\times 2}{8\times 2}=\frac{8}{16}+\frac{14}{16}=\frac{22}{16}=1\frac{6}{16}=1\frac{3}{8}$$

(1) $\dfrac{3}{4}+\dfrac{5}{6}$

(2) $\dfrac{2}{5}+\dfrac{7}{10}$

2 보기와 같이 계산해 보세요.

보기

$$\frac{5}{6}+\frac{4}{9}=\frac{5\times 3}{6\times 3}+\frac{4\times 2}{9\times 2}=\frac{15}{18}+\frac{8}{18}=\frac{23}{18}=1\frac{5}{18}$$

(1) $\dfrac{4}{5}+\dfrac{7}{15}$

(2) $\dfrac{3}{8}+\dfrac{11}{12}$

3 계산해 보세요.

(1) $\dfrac{2}{3}+\dfrac{4}{5}$

(2) $\dfrac{3}{4}+\dfrac{5}{6}$

(3) $\dfrac{7}{11}+\dfrac{1}{2}$

(4) $\dfrac{6}{7}+\dfrac{7}{8}$

(5) $\dfrac{9}{10}+\dfrac{8}{15}$

(6) $\dfrac{17}{24}+\dfrac{13}{18}$

4 빈칸에 알맞은 분수를 써넣으세요.

$\frac{5}{8}$	$\frac{9}{20}$	
$\frac{15}{16}$	$\frac{17}{24}$	

5 가 끈의 길이가 $\frac{13}{15}$ m일 때 나 끈의 길이는 몇 m인가요?

가 ▭▭▭▭▭▭▭▭▭▭

나 ▭▭▭▭▭▭▭▭▭▭ $\frac{7}{18}$ m

(   ) m

6 분수의 합이 1보다 큰 식을 찾아 ◯표 하세요.

$\frac{11}{30} + \frac{9}{20}$	$\frac{1}{3} + \frac{7}{10}$	$\frac{3}{14} + \frac{13}{21}$
( )	( )	( )

7 고구마가 $\frac{7}{9}$ kg, 감자가 $\frac{5}{12}$ kg 있습니다. 고구마와 감자는 모두 몇 kg인가요?

 식

 답   kg

09일차 정답 확인

하루한장 앱에서
학습 인증하고
하루템을 모으세요!

10일차

$1\frac{1}{4} + 1\frac{3}{8}$을 계산해 볼까요?

방법 ① 그림을 이용하여 계산하기

스마트 학습

$1\frac{1}{4} = 1\frac{2}{8}$

$+$

$1\frac{3}{8}$

$\downarrow$

$$1\frac{1}{4} + 1\frac{3}{8} = 1\frac{2}{8} + 1\frac{3}{8} = 2 + \frac{5}{8} = 2\frac{5}{8}$$

개념 확인

1 분수만큼 색칠하고, ☐ 안에 알맞은 수를 써넣으세요.

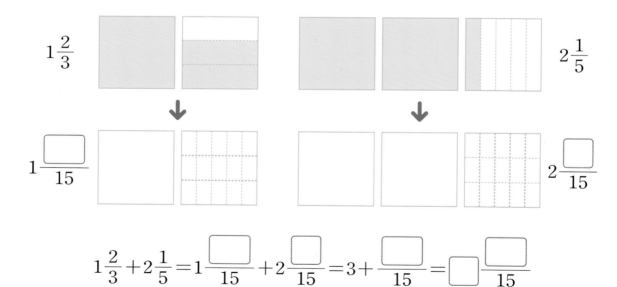

$1\frac{2}{3}$ $2\frac{1}{5}$

$1\frac{\boxed{}}{15}$ $2\frac{\boxed{}}{15}$

$$1\frac{2}{3} + 2\frac{1}{5} = 1\frac{\boxed{}}{15} + 2\frac{\boxed{}}{15} = 3 + \frac{\boxed{}}{15} = \boxed{}\frac{\boxed{}}{15}$$

방법 ② 자연수는 자연수끼리, 분수는 분수끼리 계산하기

자연수끼리 더하기

$$1\frac{1}{4} + 1\frac{3}{8} = 1\frac{2}{8} + 1\frac{3}{8} = 2 + \frac{5}{8} = 2\frac{5}{8}$$

분수끼리 더하기

방법 ③ 대분수를 가분수로 나타내어 계산하기

$$1\frac{1}{4} + 1\frac{3}{8} = \frac{5}{4} + \frac{11}{8} = \frac{10}{8} + \frac{11}{8} = \frac{21}{8} = 2\frac{5}{8}$$

대분수를 가분수로 바꾸기

개념 확인

2 자연수는 자연수끼리, 분수는 분수끼리 계산하려고 합니다. ☐ 안에 알맞은 수를 써넣으세요.

(1) $1\frac{1}{6} + 1\frac{2}{3} = 1\frac{1}{6} + 1\frac{\boxed{}}{6} = 2 + \frac{\boxed{}}{6} = \boxed{}\frac{\boxed{}}{6}$

(2) $1\frac{1}{8} + 2\frac{5}{12} = 1\frac{\boxed{}}{24} + 2\frac{\boxed{}}{24} = \boxed{} + \frac{\boxed{}}{24} = \boxed{}\frac{\boxed{}}{24}$

개념 확인

3 대분수를 가분수로 나타내어 계산하려고 합니다. ☐ 안에 알맞은 수를 써넣으세요.

(1) $1\frac{2}{5} + 1\frac{1}{2} = \frac{7}{5} + \frac{\boxed{}}{2} = \frac{14}{10} + \frac{\boxed{}}{10} = \frac{\boxed{}}{10} = \boxed{}\frac{\boxed{}}{10}$

(2) $2\frac{1}{6} + 1\frac{4}{9} = \frac{13}{6} + \frac{\boxed{}}{9} = \frac{\boxed{}}{18} + \frac{\boxed{}}{18} = \frac{\boxed{}}{18} = \boxed{}\frac{\boxed{}}{18}$

1 보기와 같이 계산해 보세요.

보기
$$1\frac{1}{9} + 1\frac{1}{3} = 1\frac{1}{9} + 1\frac{3}{9} = 2 + \frac{4}{9} = 2\frac{4}{9}$$

(1) $1\frac{1}{4} + 2\frac{5}{8}$

(2) $2\frac{2}{5} + 2\frac{1}{6}$

2 보기와 같이 계산해 보세요.

보기
$$2\frac{1}{2} + 1\frac{1}{4} = \frac{5}{2} + \frac{5}{4} = \frac{10}{4} + \frac{5}{4} = \frac{15}{4} = 3\frac{3}{4}$$

(1) $1\frac{3}{5} + 2\frac{1}{10}$

(2) $3\frac{1}{3} + 2\frac{5}{8}$

3 계산해 보세요.

(1) $1\frac{3}{4} + 2\frac{1}{7}$

(2) $1\frac{5}{6} + 4\frac{1}{9}$

(3) $2\frac{2}{7} + 1\frac{2}{3}$

(4) $3\frac{1}{2} + 2\frac{3}{10}$

(5) $2\frac{7}{12} + 2\frac{1}{6}$

(6) $1\frac{9}{20} + 4\frac{3}{8}$

4 빈칸에 두 분수의 합을 써넣으세요.

(1)

$1\dfrac{5}{14}$	$3\dfrac{18}{35}$

(2)

$4\dfrac{5}{16}$	$2\dfrac{13}{24}$

5 ☐ 안에 알맞은 분수를 써넣으세요.

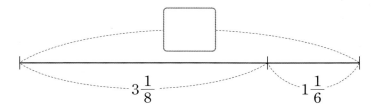

$3\dfrac{1}{8}$ $1\dfrac{1}{6}$

6 계산 결과가 큰 것부터 차례로 ◯ 안에 1, 2, 3을 써넣으세요.

$2\dfrac{1}{3} + 3\dfrac{8}{15}$

$1\dfrac{2}{9} + 4\dfrac{3}{5}$

$3\dfrac{2}{15} + 2\dfrac{4}{9}$

◯   ◯   ◯

7 물이 $4\dfrac{3}{10}$ L 들어 있는 어항에 물을 $1\dfrac{8}{15}$ L 더 넣었습니다. 어항에 있는 물은 모두 몇 L인가요?

식

답   L

$1\dfrac{2}{3}+1\dfrac{1}{2}$ 을 계산해 볼까요?

방법 ① 그림을 이용하여 계산하기

스마트 학습

$1\dfrac{2}{3}=1\dfrac{4}{6}$

$+$

$1\dfrac{1}{2}=1\dfrac{3}{6}$

$\downarrow$

$1\dfrac{2}{3}+1\dfrac{1}{2}=1\dfrac{4}{6}+1\dfrac{3}{6}=2+\dfrac{7}{6}=2+1\dfrac{1}{6}=3\dfrac{1}{6}$

개념 확인

1 분수만큼 색칠하고, ☐ 안에 알맞은 수를 써넣으세요.

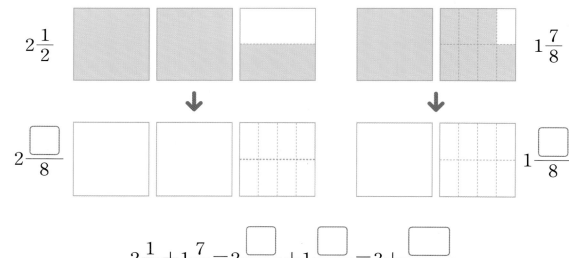

$2\dfrac{1}{2}$

$1\dfrac{7}{8}$

$2\dfrac{\boxed{}}{8}$

$1\dfrac{\boxed{}}{8}$

$2\dfrac{1}{2}+1\dfrac{7}{8}=2\dfrac{\boxed{}}{8}+1\dfrac{\boxed{}}{8}=3+\dfrac{\boxed{}}{8}$

$=3+\boxed{}\dfrac{\boxed{}}{8}=\boxed{}\dfrac{\boxed{}}{8}$

방법 ② 자연수는 자연수끼리, 분수는 분수끼리 계산하기

자연수끼리 더하기

$$1\frac{2}{3}+1\frac{1}{2}=1\frac{4}{6}+1\frac{3}{6}=2+\frac{7}{6}=2+1\frac{1}{6}=3\frac{1}{6}$$

분수끼리 더하기

분수끼리의 합이 가분수이면 대분수로 바꿔야 해.

방법 ③ 대분수를 가분수로 나타내어 계산하기

$$1\frac{2}{3}+1\frac{1}{2}=\frac{5}{3}+\frac{3}{2}=\frac{10}{6}+\frac{9}{6}=\frac{19}{6}=3\frac{1}{6}$$

대분수를 가분수로 바꾸기

개념 확인

2 자연수는 자연수끼리, 분수는 분수끼리 계산하려고 합니다. ☐ 안에 알맞은 수를 써넣으세요.

(1) $1\frac{2}{7}+1\frac{3}{4}=1\frac{8}{28}+1\frac{\boxed{}}{28}=2+\frac{\boxed{}}{28}=2+\boxed{}\frac{\boxed{}}{28}=\boxed{}\frac{\boxed{}}{28}$

(2) $1\frac{7}{9}+2\frac{8}{15}=1\frac{\boxed{}}{45}+2\frac{\boxed{}}{45}=\boxed{}+\frac{\boxed{}}{45}$

$=\boxed{}+\boxed{}\frac{\boxed{}}{45}=\boxed{}\frac{\boxed{}}{45}$

개념 확인

3 대분수를 가분수로 나타내어 계산하려고 합니다. ☐ 안에 알맞은 수를 써넣으세요.

(1) $1\frac{4}{5}+1\frac{1}{3}=\frac{9}{5}+\frac{\boxed{}}{3}=\frac{27}{15}+\frac{\boxed{}}{15}=\frac{\boxed{}}{15}=\boxed{}\frac{\boxed{}}{15}$

(2) $1\frac{11}{15}+1\frac{5}{6}=\frac{26}{15}+\frac{\boxed{}}{6}=\frac{\boxed{}}{30}+\frac{\boxed{}}{30}=\frac{\boxed{}}{30}=\boxed{}\frac{\boxed{}}{30}$

1 보기와 같이 계산해 보세요.

보기

$$1\frac{1}{2}+1\frac{3}{4}=1\frac{2}{4}+1\frac{3}{4}=2+\frac{5}{4}=2+1\frac{1}{4}=3\frac{1}{4}$$

(1) $1\frac{1}{3}+1\frac{6}{7}$ _____

(2) $2\frac{4}{9}+1\frac{13}{18}$ _____

2 보기와 같이 계산해 보세요.

보기

$$1\frac{2}{3}+2\frac{7}{9}=\frac{5}{3}+\frac{25}{9}=\frac{15}{9}+\frac{25}{9}=\frac{40}{9}=4\frac{4}{9}$$

(1) $2\frac{1}{4}+1\frac{5}{6}$ _____

(2) $1\frac{3}{5}+4\frac{9}{10}$ _____

3 계산해 보세요.

(1) $1\frac{4}{5}+1\frac{3}{4}$

(2) $1\frac{1}{6}+3\frac{8}{9}$

(3) $2\frac{1}{2}+3\frac{9}{14}$

(4) $2\frac{7}{10}+2\frac{11}{15}$

(5) $4\frac{6}{7}+1\frac{5}{8}$

(6) $2\frac{7}{12}+5\frac{13}{16}$

4 다음이 나타내는 수를 구해 보세요.

$$4\frac{3}{10} \text{보다 } 3\frac{11}{12} \text{ 더 큰 수}$$

(   )

5 사다리를 타고 내려가 도착한 곳에 계산 결과를 써넣으세요.

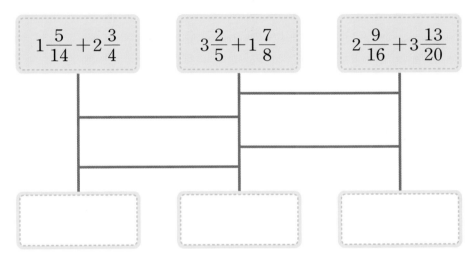

$$1\frac{5}{14}+2\frac{3}{4}$$

$$3\frac{2}{5}+1\frac{7}{8}$$

$$2\frac{9}{16}+3\frac{13}{20}$$

6 계산 결과가 더 큰 식의 기호를 써 보세요.

$$\bigcirc \ 3\frac{1}{6}+1\frac{14}{15} \qquad \bigcirc \ 2\frac{3}{4}+2\frac{9}{10}$$

(   )

7 빨간색 털실이 $2\frac{6}{7}$ m, 파란색 털실이 $1\frac{2}{5}$ m 있습니다. 털실은 모두 몇 m인가요?

식

답   m

$\dfrac{3}{4} - \dfrac{1}{2}$ 을 계산해 볼까요?

방법 1 그림을 이용하여 계산하기

스마트 학습

$$\dfrac{3}{4} - \dfrac{1}{2} = \dfrac{3}{4} - \dfrac{2}{4} = \dfrac{1}{4}$$

개념 확인

1 분수만큼 색칠하고, ☐ 안에 알맞은 수를 써넣으세요.

(1)

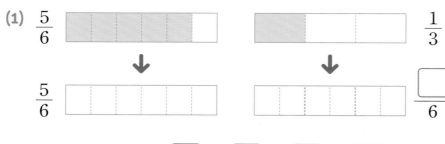

$$\dfrac{5}{6} - \dfrac{1}{3} = \dfrac{\boxed{}}{6} - \dfrac{\boxed{}}{6} = \dfrac{\boxed{}}{6} = \dfrac{\boxed{}}{2}$$

(2)

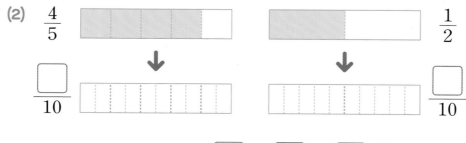

$$\dfrac{4}{5} - \dfrac{1}{2} = \dfrac{\boxed{}}{10} - \dfrac{\boxed{}}{10} = \dfrac{\boxed{}}{10}$$

$$\frac{3}{4} - \frac{1}{2} = \frac{3 \times 2}{4 \times 2} - \frac{1 \times 4}{2 \times 4} = \frac{6}{8} - \frac{4}{8} = \frac{\overset{1}{\cancel{2}}}{\underset{4}{\cancel{8}}} = \frac{1}{4}$$

분모의 곱으로 통분하기

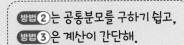

계산 결과는 기약분수로 나타내.

방법 **3** 두 분모의 최소공배수를 공통분모로 하여 통분한 후 계산하기

$$\frac{3}{4} - \frac{1}{2} = \frac{3}{4} - \frac{1 \times 2}{2 \times 2} = \frac{3}{4} - \frac{2}{4} = \frac{1}{4}$$

최소공배수 4로 통분하기

방법**2**는 공통분모를 구하기 쉽고, 방법**3**은 계산이 간단해.

개념 확인

2 두 분모의 곱을 공통분모로 하여 통분한 후 계산하려고 합니다. ☐ 안에 알맞은 수를 써넣으세요.

(1) $\dfrac{4}{7} - \dfrac{1}{5} = \dfrac{4 \times 5}{7 \times 5} - \dfrac{1 \times \boxed{}}{5 \times 7} = \dfrac{20}{35} - \dfrac{\boxed{}}{35} = \dfrac{\boxed{}}{35}$

(2) $\dfrac{7}{9} - \dfrac{1}{3} = \dfrac{7 \times 3}{9 \times 3} - \dfrac{1 \times \boxed{}}{3 \times 9} = \dfrac{21}{27} - \dfrac{\boxed{}}{27} = \dfrac{\boxed{}}{27} = \dfrac{\boxed{}}{9}$

개념 확인

3 두 분모의 최소공배수를 공통분모로 하여 통분한 후 계산하려고 합니다. ☐ 안에 알맞은 수를 써넣으세요.

(1) $\dfrac{5}{8} - \dfrac{1}{4} = \dfrac{5}{8} - \dfrac{1 \times \boxed{}}{4 \times 2} = \dfrac{\boxed{}}{8} - \dfrac{\boxed{}}{8} = \dfrac{\boxed{}}{8}$

(2) $\dfrac{7}{10} - \dfrac{1}{6} = \dfrac{7 \times \boxed{}}{10 \times 3} - \dfrac{1 \times \boxed{}}{6 \times 5} = \dfrac{\boxed{}}{30} - \dfrac{\boxed{}}{30} = \dfrac{\boxed{}}{30} = \dfrac{\boxed{}}{15}$

1 보기와 같이 계산해 보세요.

> 보기
>
> $$\frac{1}{3} - \frac{1}{6} = \frac{1 \times 6}{3 \times 6} - \frac{1 \times 3}{6 \times 3} = \frac{6}{18} - \frac{3}{18} = \frac{\cancel{3}^{1}}{\cancel{18}_{6}} = \frac{1}{6}$$

(1) $\dfrac{1}{2} - \dfrac{1}{4}$

(2) $\dfrac{3}{4} - \dfrac{2}{9}$

2 보기와 같이 계산해 보세요.

> 보기
>
> $$\frac{5}{6} - \frac{1}{8} = \frac{5 \times 4}{6 \times 4} - \frac{1 \times 3}{8 \times 3} = \frac{20}{24} - \frac{3}{24} = \frac{17}{24}$$

(1) $\dfrac{7}{10} - \dfrac{2}{5}$

(2) $\dfrac{4}{9} - \dfrac{1}{6}$

3 계산해 보세요.

(1) $\dfrac{1}{2} - \dfrac{1}{3}$

(2) $\dfrac{13}{16} - \dfrac{1}{4}$

(3) $\dfrac{4}{5} - \dfrac{3}{8}$

(4) $\dfrac{7}{9} - \dfrac{5}{12}$

(5) $\dfrac{6}{7} - \dfrac{3}{5}$

(6) $\dfrac{7}{8} - \dfrac{13}{28}$

빈칸에 알맞은 분수를 써넣으세요.

(1)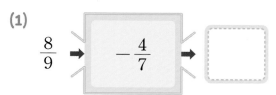

$\dfrac{8}{9}$ → $-\dfrac{4}{7}$ →

(2)

$\dfrac{9}{10}$ → $-\dfrac{5}{8}$ →

 두 분수의 차를 구해 보세요.

(1)

$\dfrac{2}{3}$ $\dfrac{2}{9}$

( )

(2)

$\dfrac{5}{12}$ $\dfrac{11}{14}$

( )

6 계산 결과가 더 큰 식에 색칠해 보세요.

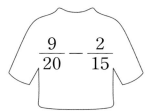

$\dfrac{9}{20} - \dfrac{2}{15}$

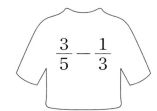

$\dfrac{3}{5} - \dfrac{1}{3}$

7 오른쪽 색 도화지의 가로와 세로의 차는 몇 m인가요?

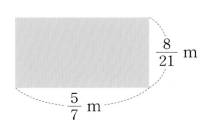

$\dfrac{8}{21}$ m

$\dfrac{5}{7}$ m

 식

 답   m

$2\dfrac{5}{6}-1\dfrac{2}{3}$ 를 계산해 볼까요?

방법 ① 그림을 이용하여 계산하기

스마트 학습

$2\dfrac{5}{6}$

$-$

$1\dfrac{2}{3}=1\dfrac{4}{6}$

$\downarrow$

$$2\dfrac{5}{6}-1\dfrac{2}{3}=2\dfrac{5}{6}-1\dfrac{4}{6}=1+\dfrac{1}{6}=1\dfrac{1}{6}$$

개념 확인

1 분수만큼 색칠하고, ☐ 안에 알맞은 수를 써넣으세요.

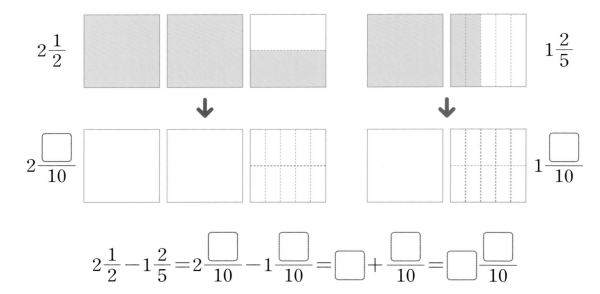

$2\dfrac{1}{2}$ $1\dfrac{2}{5}$

$2\dfrac{\boxed{}}{10}$ $1\dfrac{\boxed{}}{10}$

$$2\dfrac{1}{2}-1\dfrac{2}{5}=2\dfrac{\boxed{}}{10}-1\dfrac{\boxed{}}{10}=\boxed{}+\dfrac{\boxed{}}{10}=\boxed{}\dfrac{\boxed{}}{10}$$

자연수끼리 빼기

$$2\frac{5}{6}-1\frac{2}{3}=2\frac{5}{6}-1\frac{4}{6}=1+\frac{1}{6}=1\frac{1}{6}$$

분수끼리 빼기

$$2\frac{5}{6}-1\frac{2}{3}=\frac{17}{6}-\frac{5}{3}=\frac{17}{6}-\frac{10}{6}=\frac{7}{6}=1\frac{1}{6}$$

대분수를 가분수로 바꾸기

개념 확인

2 자연수는 자연수끼리, 분수는 분수끼리 계산하려고 합니다. ☐ 안에 알맞은 수를 써넣으세요.

(1) $2\dfrac{3}{4}-1\dfrac{4}{9}=2\dfrac{27}{36}-1\dfrac{\boxed{}}{36}=1+\dfrac{\boxed{}}{36}=1\dfrac{\boxed{}}{36}$

(2) $4\dfrac{5}{6}-1\dfrac{7}{10}=4\dfrac{\boxed{}}{30}-1\dfrac{\boxed{}}{30}=\boxed{}+\dfrac{\boxed{}}{30}$

$\qquad\qquad =\boxed{}\dfrac{\boxed{}}{30}=\boxed{}\dfrac{\boxed{}}{15}$

개념 확인

3 대분수를 가분수로 나타내어 계산하려고 합니다. ☐ 안에 알맞은 수를 써넣으세요.

(1) $3\dfrac{2}{3}-2\dfrac{1}{5}=\dfrac{11}{3}-\dfrac{\boxed{}}{5}=\dfrac{55}{15}-\dfrac{\boxed{}}{15}=\dfrac{\boxed{}}{15}=\boxed{}\dfrac{\boxed{}}{15}$

(2) $2\dfrac{7}{8}-1\dfrac{5}{12}=\dfrac{23}{8}-\dfrac{\boxed{}}{12}=\dfrac{\boxed{}}{24}-\dfrac{\boxed{}}{24}=\dfrac{\boxed{}}{24}=\boxed{}\dfrac{\boxed{}}{24}$

1 보기와 같이 계산해 보세요.

> 보기
>
> $$2\frac{1}{3}-1\frac{2}{9}=2\frac{3}{9}-1\frac{2}{9}=1+\frac{1}{9}=1\frac{1}{9}$$

(1) $2\dfrac{3}{4}-1\dfrac{5}{8}$ _____

(2) $3\dfrac{5}{7}-1\dfrac{1}{6}$ _____

2 보기와 같이 계산해 보세요.

> 보기
>
> $$2\frac{1}{2}-1\frac{1}{6}=\frac{5}{2}-\frac{7}{6}=\frac{15}{6}-\frac{7}{6}=\frac{8}{6}=1\frac{\overset{1}{2}}{\underset{3}{6}}=1\frac{1}{3}$$

(1) $2\dfrac{4}{7}-1\dfrac{1}{4}$ _____

(2) $3\dfrac{5}{6}-2\dfrac{1}{10}$ _____

3 계산해 보세요.

(1) $2\dfrac{8}{9}-2\dfrac{1}{6}$

(2) $3\dfrac{7}{8}-1\dfrac{1}{2}$

(3) $5\dfrac{3}{4}-2\dfrac{2}{7}$

(4) $4\dfrac{9}{10}-1\dfrac{2}{5}$

(5) $5\dfrac{11}{12}-3\dfrac{3}{10}$

(6) $7\dfrac{8}{15}-3\dfrac{2}{9}$

4 ☐ 안에 알맞은 분수를 써넣으세요.

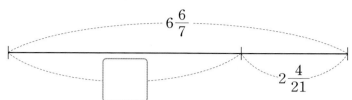

5 정훈이가 말하는 수를 구해 보세요.

$3\frac{13}{18}$ 보다 $1\frac{5}{12}$ 더 작은 수

정훈

(   )

6 계산 결과를 비교하여 ◯ 안에 >, =, <를 알맞게 써넣으세요.

$$4\frac{7}{8}-1\frac{3}{10} \bigcirc 5\frac{4}{5}-2\frac{9}{20}$$

7 밀가루 $6\frac{3}{4}$ kg 중에서 $4\frac{1}{2}$ kg을 빵을 만드는 데 사용하였습니다. 남은 밀가루는 몇 kg인가요?

_____

답   kg

분모가 다른 (대분수)–(대분수)⑵_받아내림이 있는 계산

$3\frac{1}{3}-1\frac{1}{2}$ 을 계산해 볼까요?

방법 ① 그림을 이용하여 계산하기

스마트 학습

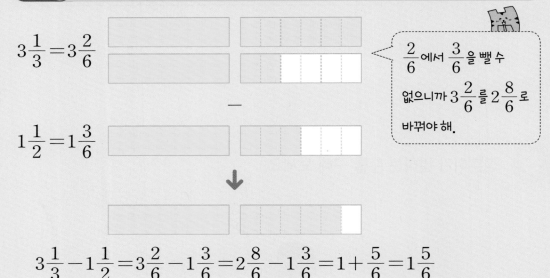

$$3\frac{1}{3}=3\frac{2}{6}$$

$$1\frac{1}{2}=1\frac{3}{6}$$

$\frac{2}{6}$ 에서 $\frac{3}{6}$ 을 뺄 수 없으니까 $3\frac{2}{6}$ 를 $2\frac{8}{6}$ 로 바꿔야 해.

$$3\frac{1}{3}-1\frac{1}{2}=3\frac{2}{6}-1\frac{3}{6}=2\frac{8}{6}-1\frac{3}{6}=1+\frac{5}{6}=1\frac{5}{6}$$

개념 확인

1 분수만큼 색칠하고, ☐ 안에 알맞은 수를 써넣으세요.

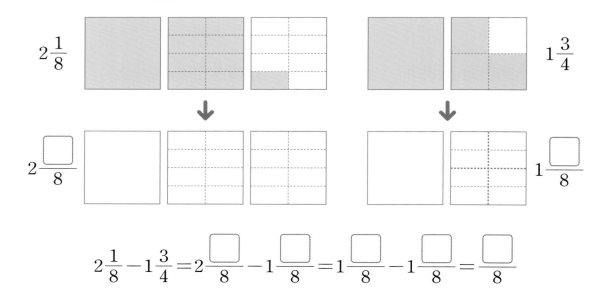

$2\frac{1}{8}$

$1\frac{3}{4}$

$2\frac{☐}{8}$

$1\frac{☐}{8}$

$$2\frac{1}{8}-1\frac{3}{4}=2\frac{☐}{8}-1\frac{☐}{8}=1\frac{☐}{8}-1\frac{☐}{8}=\frac{☐}{8}$$

자연수는 자연수끼리, 분수는 분수끼리 계산하기

자연수끼리 빼기

$$3\frac{1}{3}-1\frac{1}{2}=3\frac{2}{6}-1\frac{3}{6}=2\frac{8}{6}-1\frac{3}{6}=1+\frac{5}{6}=1\frac{5}{6}$$

대분수에서 1을
가분수로 바꾸기

분수끼리 빼기

대분수를 가분수로 나타내어 계산하기

$$3\frac{1}{3}-1\frac{1}{2}=\frac{10}{3}-\frac{3}{2}=\frac{20}{6}-\frac{9}{6}=\frac{11}{6}=1\frac{5}{6}$$

대분수를 가분수로 바꾸기

개념 확인

2 자연수는 자연수끼리, 분수는 분수끼리 계산하려고 합니다. ☐ 안에 알맞은 수를 써넣으세요.

(1) $3\dfrac{1}{5}-1\dfrac{2}{3}=3\dfrac{3}{15}-1\dfrac{10}{15}=2\dfrac{\boxed{}}{15}-1\dfrac{\boxed{}}{15}=1+\dfrac{\boxed{}}{15}=\boxed{}\dfrac{\boxed{}}{15}$

(2) $4\dfrac{1}{9}-2\dfrac{5}{6}=4\dfrac{2}{18}-2\dfrac{\boxed{}}{18}=3\dfrac{\boxed{}}{18}-2\dfrac{\boxed{}}{18}$

$=1+\dfrac{\boxed{}}{18}=\boxed{}\dfrac{\boxed{}}{18}$

개념 확인

3 대분수를 가분수로 나타내어 계산하려고 합니다. ☐ 안에 알맞은 수를 써넣으세요.

(1) $2\dfrac{3}{7}-1\dfrac{1}{2}=\dfrac{17}{7}-\dfrac{\boxed{}}{2}=\dfrac{34}{14}-\dfrac{\boxed{}}{14}=\dfrac{\boxed{}}{14}$

(2) $3\dfrac{1}{6}-1\dfrac{3}{4}=\dfrac{19}{6}-\dfrac{\boxed{}}{4}=\dfrac{38}{12}-\dfrac{\boxed{}}{12}=\dfrac{\boxed{}}{12}=\boxed{}\dfrac{\boxed{}}{12}$

1 보기와 같이 계산해 보세요.

보기

$$4\frac{1}{12}-1\frac{2}{3}=4\frac{1}{12}-1\frac{8}{12}=3\frac{13}{12}-1\frac{8}{12}=2+\frac{5}{12}=2\frac{5}{12}$$

(1) $3\frac{1}{7}-1\frac{3}{5}$

(2) $4\frac{5}{8}-1\frac{11}{16}$

2 보기와 같이 계산해 보세요.

보기

$$3\frac{1}{10}-1\frac{3}{4}=\frac{31}{10}-\frac{7}{4}=\frac{62}{20}-\frac{35}{20}=\frac{27}{20}=1\frac{7}{20}$$

(1) $5\frac{1}{2}-4\frac{7}{8}$

(2) $3\frac{1}{6}-1\frac{7}{9}$

3 계산해 보세요.

(1) $2\frac{2}{5}-1\frac{5}{6}$

(2) $4\frac{1}{4}-3\frac{3}{8}$

(3) $3\frac{1}{7}-1\frac{9}{14}$

(4) $4\frac{2}{3}-3\frac{6}{7}$

(5) $5\frac{4}{9}-3\frac{13}{15}$

(6) $6\frac{3}{10}-1\frac{11}{18}$

4 계산 결과를 찾아 이어 보세요.

$5\dfrac{1}{6} - 3\dfrac{5}{8}$ •

• $1\dfrac{50}{63}$

$4\dfrac{5}{9} - 2\dfrac{16}{21}$ •

• $1\dfrac{31}{48}$

$3\dfrac{7}{16} - 1\dfrac{19}{24}$ •

• $1\dfrac{13}{24}$

5 빈칸에 알맞은 분수를 써넣으세요.

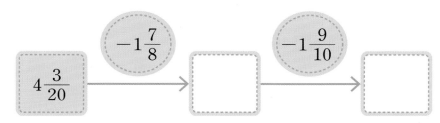

6 계산 결과가 더 큰 식에 ◯표 하세요.

$4\dfrac{4}{9} - 1\dfrac{1}{2}$ ☐

$5\dfrac{7}{12} - 2\dfrac{3}{5}$ ☐

7 준혁이는 독서를 어제는 $2\dfrac{1}{4}$ 시간, 오늘은 $1\dfrac{11}{12}$ 시간 했습니다. 준혁이가 어제 독서를 한 시간은 오늘 독서를 한 시간보다 몇 시간 더 많은가요?

 식

 답   시간

하루한장 앱에서
학습 인증하고
하루템을 모으세요!

15 일차 마무리 하기

1 ☐ 안에 알맞은 수를 써넣으세요.

$$\frac{2}{7} + \frac{4}{21} = \frac{2 \times \boxed{}}{7 \times \boxed{}} + \frac{\boxed{}}{21} = \frac{\boxed{}}{21} + \frac{\boxed{}}{21} = \frac{\boxed{}}{\boxed{}}$$

2 빈칸에 두 분수의 합을 써넣으세요.

(1)
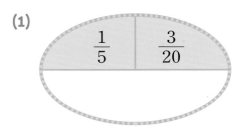

(2)
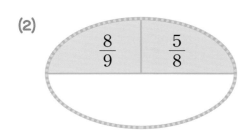

3 그림을 보고 ☐ 안에 알맞은 분수를 써넣으세요.

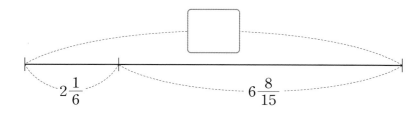

4 계산해 보세요.

(1) $\dfrac{5}{8} - \dfrac{1}{12}$

(2) $5\dfrac{11}{16} - 4\dfrac{1}{4}$

5 빈칸에 알맞은 분수를 써넣으세요.

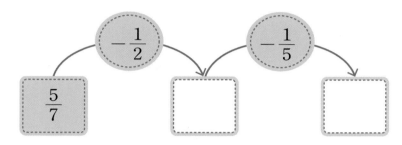

6 ㉠에 들어갈 분수를 구해 보세요.

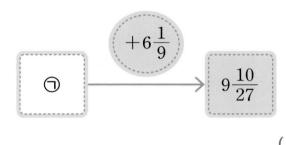

(   )

7 계산 결과를 비교하여 ○ 안에 >, =, <를 알맞게 써넣으세요.

(1) $7\dfrac{1}{4}$ ◯ $5\dfrac{1}{2} + 1\dfrac{7}{10}$

(2) $4\dfrac{2}{3} - 2\dfrac{5}{6}$ ◯ $1\dfrac{3}{4}$

8 잘못 계산한 부분을 찾아 바르게 계산해 보세요.

$$4\frac{1}{6} - 2\frac{17}{18} = 4\frac{3}{18} - 2\frac{17}{18} = 4\frac{21}{18} - 2\frac{17}{18} = 2\frac{\overset{2}{\cancel{4}}}{\underset{9}{\cancel{18}}} = 2\frac{2}{9}$$

$4\frac{1}{6} - 2\frac{17}{18}$ _____

9 정민이가 생각하는 분수를 구해 보세요.

내가 생각하는 분수에서 $1\frac{2}{7}$ 를 뺐더니 $2\frac{1}{6}$ 이 되었어.

정민

(   )

10 ☐ 안에 들어갈 수 있는 자연수는 모두 몇 개인가요?

$$3\frac{1}{2} + 1\frac{5}{8} > \square$$

(   )개

11 가장 큰 분수와 가장 작은 분수의 차를 구해 보세요.

$$1\frac{3}{8} \qquad 5\frac{5}{6} \qquad 2\frac{7}{9}$$

( )

12 과수원에서 포도를 찬우는 $4\frac{3}{10}$ kg, 민정이는 $3\frac{6}{7}$ kg 땄습니다. 누가 포도를 몇 kg 더 많이 땄나요?

( ), ( ) kg

개념	문제 번호
08일차 분모가 다른 (진분수)+(진분수)(1) _받아올림이 없는 계산	1, 2(1)
09일차 분모가 다른 (진분수)+(진분수)(2) _받아올림이 있는 계산	2(2)
10일차 분모가 다른 (대분수)+(대분수)(1) _받아올림이 없는 계산	3, 9
11일차 분모가 다른 (대분수)+(대분수)(2) _받아올림이 있는 계산	7(1), 10
12일차 분모가 다른 (진분수)-(진분수)	4(1), 5
13일차 분모가 다른 (대분수)-(대분수)(1) _받아내림이 없는 계산	4(2), 6, 11
14일차 분모가 다른 (대분수)-(대분수)(2) _받아내림이 있는 계산	7(2), 8, 12

빠른
개념 찾기

틀린 문제는 개념을
다시 확인해 보세요.

15일차
정답 확인

우리가 살아가야 할 지구, 이 지구를 지키기 위해 우리는 생활 속에서 항상 환경을 지키려는 노력을 해야 합니다. 집에서 찾을 수 있는 환경지킴이를 찾아 ◯표 하세요.

분수의 곱셈

16일차	(진분수)×(자연수)	월	일
17일차	(대분수)×(자연수)	월	일
18일차	(자연수)×(진분수)	월	일
19일차	(자연수)×(대분수)	월	일
20일차	(진분수)×(진분수)	월	일
21일차	(대분수)×(대분수)	월	일
22일차	세 분수의 곱셈	월	일
23일차	마무리 하기	월	일

공부 계획

(진분수)×(자연수)

$\dfrac{3}{4} \times 2$를 계산해 볼까요?

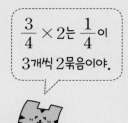

$\dfrac{3}{4} \times 2$는 $\dfrac{1}{4}$이 3개씩 2묶음이야.

스마트 학습

방법 ① 분자와 자연수를 곱한 후 약분하여 계산하기

분자와 자연수 곱하기

$$\dfrac{3}{4} \times 2 = \dfrac{3 \times 2}{4} = \dfrac{\overset{3}{\cancel{6}}}{\underset{2}{\cancel{4}}} = \dfrac{3}{2} = 1\dfrac{1}{2}$$

약분하기

개념 확인

1 그림을 보고 ◻ 안에 알맞은 수를 써넣으세요.

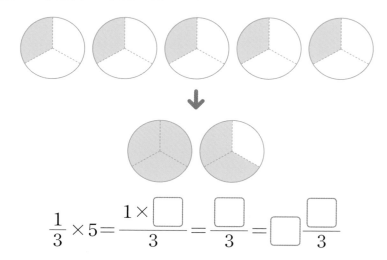

$$\dfrac{1}{3} \times 5 = \dfrac{1 \times \boxed{}}{3} = \dfrac{\boxed{}}{3} = \boxed{}\dfrac{\boxed{}}{3}$$

개념 확인

2 ◻ 안에 알맞은 수를 써넣으세요.

(1) $\dfrac{1}{10} \times 4 = \dfrac{1 \times 4}{10} = \dfrac{\overset{\boxed{}}{\cancel{4}}}{\underset{5}{\cancel{10}}} = \dfrac{\boxed{}}{5}$

(2) $\dfrac{3}{8} \times 6 = \dfrac{3 \times \boxed{}}{8} = \dfrac{\boxed{}}{8} = \dfrac{\boxed{}}{4} = \boxed{}\dfrac{\boxed{}}{4}$

방법 ② 분자와 자연수를 곱하기 전 약분하여 계산하기

$$\frac{3}{4} \times 2 = \frac{3 \times \overset{1}{\cancel{2}}}{\underset{2}{\cancel{4}}} = \frac{3}{2} = 1\frac{1}{2}$$

↳ 곱하기 전 약분하기

방법 ③ 분모와 자연수를 약분한 후 계산하기

$$\frac{3}{\underset{2}{\cancel{4}}} \times \overset{1}{\cancel{2}} = \frac{3}{2} = 1\frac{1}{2}$$

↳ 분모와 자연수 약분하기

> 분자와 자연수를 약분하지 않도록 해.

개념 확인

3   □ 안에 알맞은 수를 써넣으세요.

(1) $\dfrac{7}{8} \times 4 = \dfrac{7 \times \overset{1}{\cancel{4}}}{\underset{2}{\cancel{8}}} = \dfrac{\boxed{}}{2} = \boxed{}\dfrac{\boxed{}}{2}$

(2) $\dfrac{2}{9} \times 12 = \dfrac{2 \times \boxed{}}{9} = \dfrac{\boxed{}}{3} = \boxed{}\dfrac{\boxed{}}{3}$

(3) $\dfrac{1}{\underset{3}{\cancel{6}}} \times \overset{5}{\cancel{10}} = \dfrac{\boxed{}}{3} = \boxed{}\dfrac{\boxed{}}{3}$

(4) $\dfrac{4}{\underset{5}{\cancel{25}}} \times \overset{\boxed{}}{\cancel{15}} = \dfrac{\boxed{}}{5} = \boxed{}\dfrac{\boxed{}}{5}$

(5) $\dfrac{9}{\underset{4}{\cancel{32}}} \times \overset{\boxed{}}{\cancel{8}} = \dfrac{\boxed{}}{4} = \boxed{}\dfrac{\boxed{}}{4}$

 $\dfrac{5}{8} \times 2$ 를 보기 와 같이 여러 가지 방법으로 계산해 보세요.

보기

방법① $\dfrac{1}{4} \times 6 = \dfrac{1 \times 6}{4} = \dfrac{\overset{3}{\cancel{6}}}{\underset{2}{\cancel{4}}} = \dfrac{3}{2} = 1\dfrac{1}{2}$

방법② $\dfrac{1}{4} \times 6 = \dfrac{1 \times \overset{3}{\cancel{6}}}{\underset{2}{\cancel{4}}} = \dfrac{3}{2} = 1\dfrac{1}{2}$

방법③ $\dfrac{1}{\underset{2}{\cancel{4}}} \times \overset{3}{\cancel{6}} = \dfrac{3}{2} = 1\dfrac{1}{2}$

방법① $\dfrac{5}{8} \times 2$

방법② $\dfrac{5}{8} \times 2$

방법③ $\dfrac{5}{8} \times 2$

2 계산해 보세요.

(1) $\dfrac{1}{5} \times 2$

(2) $\dfrac{3}{10} \times 2$

(3) $\dfrac{5}{21} \times 3$

(4) $\dfrac{4}{15} \times 5$

(5) $\dfrac{11}{24} \times 6$

(6) $\dfrac{7}{12} \times 16$

(7) $\dfrac{9}{14} \times 10$

(8) $\dfrac{15}{28} \times 21$

3 빈칸에 알맞은 분수를 써넣으세요.

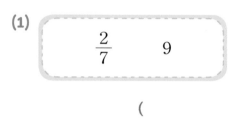

$\times$		
$\dfrac{3}{5}$	8	
$\dfrac{7}{30}$	12	

4 두 수의 곱을 구해 보세요.

(1)
$$\dfrac{2}{7} \qquad 9$$

(   )

(2)
$$\dfrac{7}{12} \qquad 10$$

(   )

5 계산 결과가 큰 것부터 차례로 ◯ 안에 1, 2, 3을 써넣으세요.

◯ $\dfrac{2}{3} \times 6$

◯ $\dfrac{4}{5} \times 15$

◯ $\dfrac{5}{9} \times 18$

6 딸기잼이 한 병에 $\dfrac{4}{9}$ kg씩 들어 있습니다. 7개의 병에 들어 있는 딸기잼은 모두 몇 kg인가요?

식 _____

답 _____ kg

$1\dfrac{1}{3} \times 2$를 계산해 볼까요?

방법 **1** 대분수를 가분수로 바꾼 후 계산하기

스마트 학습

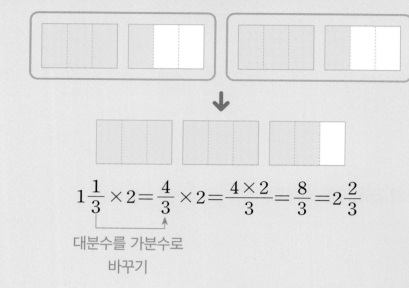

$$1\dfrac{1}{3} \times 2 = \dfrac{4}{3} \times 2 = \dfrac{4 \times 2}{3} = \dfrac{8}{3} = 2\dfrac{2}{3}$$

대분수를 가분수로
바꾸기

개념 확인

1 ☐ 안에 알맞은 수를 써넣으세요.

(1) $2\dfrac{1}{2} \times 3 = \dfrac{5}{2} \times 3 = \dfrac{5 \times 3}{2} = \dfrac{\boxed{}}{2} = \boxed{}\dfrac{\boxed{}}{2}$

(2) $3\dfrac{1}{5} \times 2 = \dfrac{\boxed{}}{5} \times 2 = \dfrac{\boxed{} \times 2}{5} = \dfrac{\boxed{}}{5} = \boxed{}\dfrac{\boxed{}}{5}$

(3) $1\dfrac{3}{8} \times 2 = \dfrac{\boxed{}}{\overset{4}{\cancel{8}}} \times \overset{1}{\cancel{2}} = \dfrac{\boxed{}}{4} = \boxed{}\dfrac{\boxed{}}{4}$

(4) $1\dfrac{1}{6} \times 4 = \dfrac{\boxed{}}{6} \times \boxed{} = \dfrac{\boxed{} \times \boxed{}}{3} = \dfrac{\boxed{}}{3} = \boxed{}\dfrac{\boxed{}}{3}$

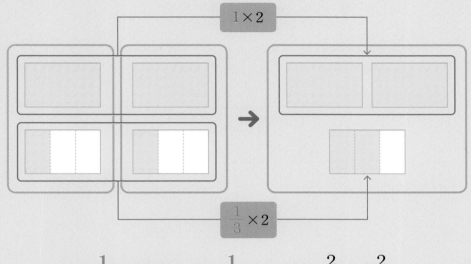

$$1\frac{1}{3} \times 2 = 1 \times 2 + \frac{1}{3} \times 2 = 2 + \frac{2}{3} = 2\frac{2}{3}$$

대분수를 자연수와 진분수의 합으로 바꾸기

개념 확인

2 ☐ 안에 알맞은 수를 써넣으세요.

(1) $2\frac{1}{5} \times 4 = 2 \times 4 + \frac{1}{5} \times 4 = \boxed{} + \frac{\boxed{}}{5} = \boxed{}\frac{\boxed{}}{5}$

(2) $1\frac{2}{7} \times 14 = 1 \times 14 + \frac{\boxed{}}{7} \times \overset{2}{\cancel{14}} = \boxed{} + \boxed{} = \boxed{}$

(3) $2\frac{5}{9} \times 3 = 2 \times 3 + \frac{\boxed{}}{\underset{3}{\cancel{9}}} \times \overset{1}{\cancel{3}} = 6 + \frac{\boxed{}}{3} = \boxed{} + \boxed{}\frac{\boxed{}}{3} = \boxed{}\frac{\boxed{}}{3}$

(4) $3\frac{3}{4} \times 2 = \boxed{} \times 2 + \frac{\boxed{}}{\underset{2}{\cancel{4}}} \times \overset{1}{\cancel{2}} = \boxed{} + \frac{\boxed{}}{2}$

$= \boxed{} + \boxed{}\frac{\boxed{}}{2} = \boxed{}\frac{\boxed{}}{2}$

1 보기와 같이 계산해 보세요.

> **보기**
>
> $$1\frac{1}{6} \times 2 = \frac{7}{\overset{3}{6}} \times \overset{1}{2} = \frac{7}{3} = 2\frac{1}{3}$$

(1) $1\frac{1}{10} \times 5$

(2) $2\frac{3}{8} \times 4$

2 보기와 같이 계산해 보세요.

> **보기**
>
> $$2\frac{2}{3} \times 2 = 2 \times 2 + \frac{2}{3} \times 2 = 4 + \frac{4}{3} = 4 + 1\frac{1}{3} = 5\frac{1}{3}$$

(1) $2\frac{3}{4} \times 3$

(2) $3\frac{1}{6} \times 7$

3 계산해 보세요.

(1) $3\frac{1}{3} \times 9$

(2) $1\frac{5}{8} \times 2$

(3) $2\frac{7}{9} \times 6$

(4) $2\frac{4}{21} \times 3$

(5) $1\frac{5}{16} \times 20$

(6) $3\frac{7}{10} \times 15$

4 계산 결과를 찾아 이어 보세요.

$$6\frac{3}{4} \times 2 \qquad 2\frac{1}{10} \times 6 \qquad 1\frac{7}{24} \times 16$$

$$20\frac{2}{3} \qquad 12\frac{3}{5} \qquad 13\frac{1}{2}$$

5 계산 결과를 비교하여 ◯ 안에 >, =, <를 알맞게 써넣으세요.

$$3\frac{11}{18} \times 6 \bigcirc 5\frac{5}{12} \times 4$$

6 공에 적혀 있는 수 중에서 가장 큰 수와 가장 작은 수의 곱을 구해 보세요.

$$8\frac{1}{10} \qquad 4 \qquad 5\frac{2}{5} \qquad 6$$

(   )

7 상자 한 개를 포장하는 데 리본이 $1\frac{7}{9}$ m 필요합니다. 똑같은 상자 15개를 포장하는 데 필요한 리본은 모두 몇 m인가요?

식

답   m

$2 \times \dfrac{3}{4}$ 을 계산해 볼까요?

스마트 학습

방법 ① 자연수와 분자를 곱한 후 약분하여 계산하기

$$2 \times \frac{3}{4} = \frac{2 \times 3}{4} = \frac{\overset{3}{\cancel{6}}}{\underset{2}{\cancel{4}}} = \frac{3}{2} = 1\frac{1}{2}$$

자연수와 분자 곱하기

약분하기

개념 확인

1 그림을 보고 ☐ 안에 알맞은 수를 써넣으세요.

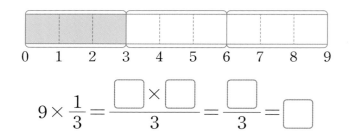

$$9 \times \frac{1}{3} = \frac{\boxed{} \times \boxed{}}{3} = \frac{\boxed{}}{3} = \boxed{}$$

개념 확인

2 ☐ 안에 알맞은 수를 써넣으세요.

(1) $2 \times \dfrac{1}{10} = \dfrac{2 \times 1}{10} = \dfrac{\overset{\boxed{}}{\cancel{2}}}{\underset{5}{\cancel{10}}} = \dfrac{\boxed{}}{5}$

(2) $5 \times \dfrac{4}{15} = \dfrac{\boxed{} \times 4}{15} = \dfrac{\boxed{}}{15} = \dfrac{\boxed{}}{3} = \boxed{}\dfrac{\boxed{}}{3}$

방법 ② 자연수와 분자를 곱하기 전 약분하여 계산하기

$$2 \times \frac{3}{4} = \frac{\overset{1}{2 \times 3}}{\underset{2}{4}} = \frac{3}{2} = 1\frac{1}{2}$$

→ 곱하기 전 약분하기

방법 ③ 자연수와 분모를 약분한 후 계산하기

$$\overset{1}{2} \times \frac{3}{\underset{2}{4}} = \frac{3}{2} = 1\frac{1}{2}$$

→ 자연수와 분모 약분하기

자연수와 분자를
약분하지 않도록 해.

개념 확인

3 ☐ 안에 알맞은 수를 써넣으세요.

(1) $4 \times \dfrac{5}{6} = \dfrac{\overset{2}{4} \times 5}{\underset{3}{6}} = \dfrac{\boxed{}}{3} = \boxed{}\dfrac{\boxed{}}{3}$

(2) $9 \times \dfrac{4}{15} = \dfrac{\boxed{} \times 4}{15} = \dfrac{\boxed{}}{5} = \boxed{}\dfrac{\boxed{}}{5}$

(3) $\overset{3}{6} \times \dfrac{9}{\underset{10}{20}} = \dfrac{\boxed{}}{10} = \boxed{}\dfrac{\boxed{}}{10}$

(4) $\overset{\boxed{}}{18} \times \dfrac{5}{\underset{2}{12}} = \dfrac{\boxed{}}{2} = \boxed{}\dfrac{\boxed{}}{2}$

1 $10 \times \dfrac{3}{8}$ 을 **보기** 와 같이 여러 가지 방법으로 계산해 보세요.

보기

방법① $8 \times \dfrac{1}{6} = \dfrac{8 \times 1}{6} = \dfrac{\overset{4}{\cancel{8}}}{\underset{3}{\cancel{6}}} = \dfrac{4}{3} = 1\dfrac{1}{3}$

방법② $8 \times \dfrac{1}{6} = \dfrac{\overset{4}{\cancel{8}} \times 1}{\underset{3}{\cancel{6}}} = \dfrac{4}{3} = 1\dfrac{1}{3}$

방법③ $\overset{4}{\cancel{8}} \times \dfrac{1}{\underset{3}{\cancel{6}}} = \dfrac{4}{3} = 1\dfrac{1}{3}$

방법① $10 \times \dfrac{3}{8}$ _____

방법② $10 \times \dfrac{3}{8}$ _____

방법③ $10 \times \dfrac{3}{8}$ _____

2 계산해 보세요.

(1) $6 \times \dfrac{2}{3}$

(2) $4 \times \dfrac{5}{7}$

(3) $9 \times \dfrac{5}{6}$

(4) $12 \times \dfrac{2}{9}$

(5) $5 \times \dfrac{9}{10}$

(6) $8 \times \dfrac{7}{12}$

(7) $10 \times \dfrac{11}{18}$

(8) $16 \times \dfrac{3}{28}$

3 빈칸에 알맞은 수를 써넣으세요.

(1)
$$4 \rightarrow \boxed{\times \frac{5}{12}} \rightarrow \boxed{}$$

(2)
$$18 \rightarrow \boxed{\times \frac{4}{9}} \rightarrow \boxed{}$$

4 계산 결과가 자연수인 곱셈식을 찾아 색칠해 보세요.

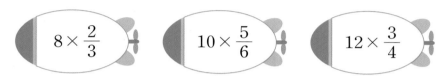

$$8 \times \frac{2}{3} \qquad 10 \times \frac{5}{6} \qquad 12 \times \frac{3}{4}$$

5 계산 결과가 가장 작은 곱셈식을 찾아 ○표 하세요.

$$18 \times \frac{7}{24} \qquad 20 \times \frac{2}{15} \qquad 15 \times \frac{1}{12}$$

6 초콜릿이 상자에 14개 들어 있습니다. 이 중 $\frac{2}{7}$를 먹었다면 먹은 초콜릿은 몇 개인가요?

 　　　　　　　　개

$2 \times 1\dfrac{2}{3}$ 를 계산해 볼까요?

방법 ① 대분수를 가분수로 바꾼 후 계산하기

스마트 학습

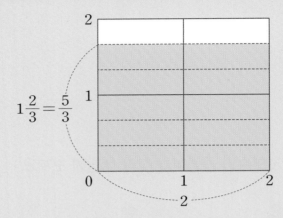

$$2 \times 1\frac{2}{3} = 2 \times \frac{5}{3} = \frac{2 \times 5}{3} = \frac{10}{3} = 3\frac{1}{3}$$

대분수를 가분수로
바꾸기

개념 확인

1 ☐ 안에 알맞은 수를 써넣으세요.

(1) $2 \times 1\dfrac{1}{5} = 2 \times \dfrac{6}{5} = \dfrac{2 \times 6}{5} = \dfrac{\boxed{}}{5} = \boxed{}\dfrac{\boxed{}}{5}$

(2) $4 \times 2\dfrac{1}{3} = 4 \times \dfrac{\boxed{}}{3} = \dfrac{4 \times \boxed{}}{3} = \dfrac{\boxed{}}{3} = \boxed{}\dfrac{\boxed{}}{3}$

(3) $3 \times 1\dfrac{5}{6} = \overset{1}{3} \times \dfrac{\boxed{}}{\underset{2}{6}} = \dfrac{\boxed{}}{2} = \boxed{}\dfrac{\boxed{}}{2}$

(4) $6 \times 1\dfrac{3}{10} = \boxed{} \times \dfrac{\boxed{}}{10} = \dfrac{\boxed{}}{5} = \boxed{}\dfrac{\boxed{}}{5}$

방법 2 대분수를 자연수와 진분수의 합으로 보고 계산하기

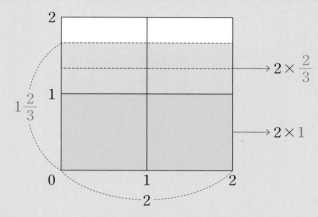

$$2 \times 1\frac{2}{3} = 2 \times 1 + 2 \times \frac{2}{3} = 2 + \frac{4}{3} = 2 + 1\frac{1}{3} = 3\frac{1}{3}$$

대분수를 자연수와 진분수의 합으로 바꾸기

개념 확인

2 ☐ 안에 알맞은 수를 써넣으세요.

(1) $2 \times 1\frac{3}{7} = 2 \times 1 + 2 \times \frac{3}{7} = \boxed{} + \frac{\boxed{}}{7} = \boxed{}\frac{\boxed{}}{7}$

(2) $6 \times 1\frac{2}{3} = 6 \times 1 + \overset{2}{6} \times \frac{\boxed{}}{\underset{1}{3}} = \boxed{} + \boxed{} = \boxed{}$

(3) $8 \times 1\frac{5}{12} = 8 \times 1 + \overset{2}{8} \times \frac{\boxed{}}{\underset{3}{12}} = 8 + \frac{\boxed{}}{3} = 8 + \boxed{}\frac{\boxed{}}{3} = \boxed{}\frac{\boxed{}}{3}$

(4) $9 \times 2\frac{1}{6} = 9 \times \boxed{} + \overset{3}{9} \times \frac{\boxed{}}{\underset{2}{6}} = \boxed{} + \frac{\boxed{}}{2}$

$= \boxed{} + \boxed{}\frac{\boxed{}}{2} = \boxed{}\frac{\boxed{}}{2}$

1 **보기**와 같이 계산해 보세요.

> **보기**
>
> $$2 \times 1\frac{1}{4} = \overset{1}{2} \times \frac{5}{\underset{2}{4}} = \frac{5}{2} = 2\frac{1}{2}$$

(1) $3 \times 2\frac{1}{9}$ _____

(2) $4 \times 1\frac{5}{6}$ _____

2 **보기**와 같이 계산해 보세요.

> **보기**
>
> $$2 \times 1\frac{1}{3} = 2 \times 1 + 2 \times \frac{1}{3} = 2 + \frac{2}{3} = 2\frac{2}{3}$$

(1) $3 \times 2\frac{1}{4}$ _____

(2) $4 \times 1\frac{7}{9}$ _____

3 계산해 보세요.

(1) $5 \times 2\frac{2}{3}$

(2) $8 \times 3\frac{1}{2}$

(3) $6 \times 1\frac{3}{4}$

(4) $9 \times 2\frac{1}{12}$

(5) $10 \times 3\frac{4}{5}$

(6) $15 \times 1\frac{8}{21}$

4 계산 결과가 6보다 큰 것에 ○표, 6보다 작은 것에 △표 하세요.

$6 \times \dfrac{1}{5}$

6×1

$6 \times 1\dfrac{7}{10}$

$6 \times 3\dfrac{2}{7}$

$6 \times \dfrac{3}{8}$

5 잘못 계산한 친구의 이름을 써 보세요.

$4 \times 2\dfrac{1}{5} = 8\dfrac{1}{5}$

석호

$3 \times 1\dfrac{1}{9} = 3\dfrac{1}{3}$

지현

(   )

6 계산 결과를 비교하여 ○ 안에 >, =, <를 알맞게 써넣으세요.

$$2 \times 3\dfrac{3}{4} \bigcirc 5 \times 1\dfrac{2}{7}$$

7 가로가 3 m이고 세로가 $2\dfrac{4}{9}$ m인 직사각형 모양의 꽃밭이 있습니다. 이 꽃밭의 넓이는 몇 m^2인가요?

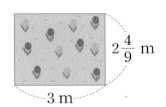

$2\dfrac{4}{9}$ m

3 m

식

답 _____ m^2

(진분수)×(진분수)

$\frac{1}{2} \times \frac{1}{3}$ 을 계산해 볼까요?

스마트 학습

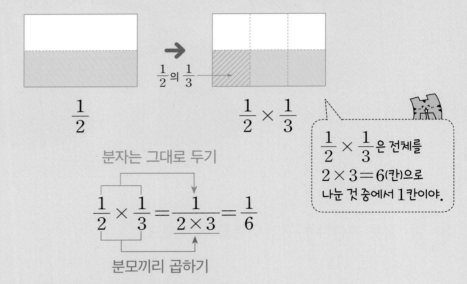

$\frac{1}{2}$

$\frac{1}{2}$의 $\frac{1}{3}$

$\frac{1}{2} \times \frac{1}{3}$

$\frac{1}{2} \times \frac{1}{3}$ 은 전체를 $2 \times 3 = 6$(칸)으로 나눈 것 중에서 1칸이야.

분자는 그대로 두기

$$\frac{1}{2} \times \frac{1}{3} = \frac{1}{2 \times 3} = \frac{1}{6}$$

분모끼리 곱하기

참고 (단위분수) × (단위분수)는 분자 1은 그대로 두고 분모끼리 곱합니다.

개념 확인

1 ☐ 안에 알맞은 수를 써넣으세요.

(1) $\frac{1}{3} \times \frac{1}{5} = \frac{1}{3 \times 5} = \frac{\square}{\square}$

(2) $\frac{1}{9} \times \frac{1}{4} = \frac{1}{9 \times 4} = \frac{\square}{\square}$

(3) $\frac{1}{7} \times \frac{1}{7} = \frac{\square}{\square \times \square} = \frac{\square}{\square}$

(4) $\frac{1}{2} \times \frac{1}{15} = \frac{\square}{\square \times \square} = \frac{\square}{\square}$

(5) $\frac{1}{4} \times \frac{1}{8} = \frac{\square}{\square}$

(6) $\frac{1}{5} \times \frac{1}{7} = \frac{\square}{\square}$

(7) $\frac{1}{6} \times \frac{1}{10} = \frac{\square}{\square}$

(8) $\frac{1}{8} \times \frac{1}{11} = \frac{\square}{\square}$

$\dfrac{3}{4} \times \dfrac{2}{5}$ 를 계산해 볼까요?

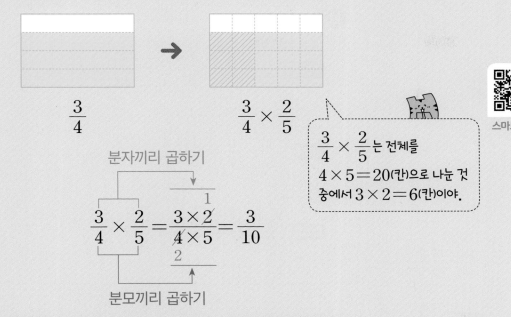

$$\dfrac{3}{4} \qquad \dfrac{3}{4} \times \dfrac{2}{5}$$

$\dfrac{3}{4} \times \dfrac{2}{5}$ 는 전체를 $4 \times 5 = 20$(칸)으로 나눈 것 중에서 $3 \times 2 = 6$(칸)이야.

분자끼리 곱하기

$$\dfrac{3}{4} \times \dfrac{2}{5} = \dfrac{3 \times 2}{4 \times 5} = \dfrac{3}{10}$$

분모끼리 곱하기

참고 (진분수) × (진분수)에서 두 분수의 순서를 바꾸어 곱하여도 계산 결과는 같습니다.

개념 확인

2 □ 안에 알맞은 수를 써넣으세요.

(1) $\dfrac{5}{7} \times \dfrac{1}{2} = \dfrac{5 \times 1}{7 \times 2} = \dfrac{\square}{\square}$

(2) $\dfrac{4}{9} \times \dfrac{5}{6} = \dfrac{4 \times \overset{2}{5}}{9 \times \underset{3}{6}} = \dfrac{\square}{\square}$

(3) $\dfrac{4}{5} \times \dfrac{2}{3} = \dfrac{4 \times \square}{5 \times \square} = \dfrac{\square}{\square}$

(4) $\dfrac{5}{8} \times \dfrac{4}{7} = \dfrac{\square \times \overset{1}{4}}{\underset{2}{8} \times \square} = \dfrac{\square}{\square}$

(5) $\dfrac{3}{\underset{1}{4}} \times \dfrac{\overset{3}{12}}{35} = \dfrac{\square}{\square}$

(6) $\dfrac{5}{6} \times \dfrac{3}{4} = \dfrac{\overset{\square}{}}{\underset{\square}{}}$

(7) $\dfrac{7}{12} \times \dfrac{8}{9} = \dfrac{\overset{\square}{}}{\underset{\square}{}}$

(8) $\dfrac{9}{14} \times \dfrac{7}{18} = \dfrac{\overset{\square}{}}{\underset{\square}{}}$

1 $\dfrac{5}{6} \times \dfrac{8}{9}$ 을 보기 와 같이 여러 가지 방법으로 계산해 보세요.

보기

방법① $\dfrac{1}{3} \times \dfrac{6}{7} = \dfrac{1 \times 6}{3 \times 7} = \dfrac{\overset{2}{\cancel{6}}}{\underset{7}{\cancel{21}}} = \dfrac{2}{7}$

방법② $\dfrac{1}{3} \times \dfrac{6}{7} = \dfrac{1 \times \overset{2}{\cancel{6}}}{\underset{1}{\cancel{3}} \times 7} = \dfrac{2}{7}$

방법③ $\dfrac{1}{\underset{1}{\cancel{3}}} \times \dfrac{\overset{2}{\cancel{6}}}{7} = \dfrac{2}{7}$

방법① $\dfrac{5}{6} \times \dfrac{8}{9}$ _____

방법② $\dfrac{5}{6} \times \dfrac{8}{9}$ _____

방법③ $\dfrac{5}{6} \times \dfrac{8}{9}$ _____

2 계산해 보세요.

(1) $\dfrac{1}{3} \times \dfrac{1}{6}$

(2) $\dfrac{1}{4} \times \dfrac{1}{7}$

(3) $\dfrac{4}{5} \times \dfrac{7}{10}$

(4) $\dfrac{2}{3} \times \dfrac{2}{11}$

(5) $\dfrac{1}{8} \times \dfrac{2}{9}$

(6) $\dfrac{6}{7} \times \dfrac{14}{15}$

(7) $\dfrac{5}{12} \times \dfrac{9}{20}$

(8) $\dfrac{11}{18} \times \dfrac{3}{22}$

3 계산 결과를 비교하여 ◯ 안에 $>$, $=$, $<$를 알맞게 써넣으세요.

(1) $\dfrac{1}{5}$ ◯ $\dfrac{1}{5} \times \dfrac{1}{6}$

(2) $\dfrac{8}{9} \times \dfrac{1}{7}$ ◯ $\dfrac{8}{9} \times \dfrac{1}{3}$

4 빈칸에 두 분수의 곱을 써넣으세요.

(1)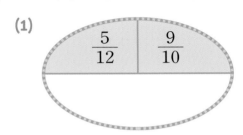

$\dfrac{5}{12}$ | $\dfrac{9}{10}$

(2)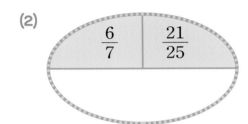

$\dfrac{6}{7}$ | $\dfrac{21}{25}$

5 빈칸에 알맞은 분수를 써넣으세요.

$\dfrac{1}{2}$ → $\times \dfrac{1}{5}$ → ⬚ → $\times \dfrac{5}{8}$ → ⬚

6 감자 $\dfrac{6}{7}$ kg의 $\dfrac{2}{9}$를 사용하여 카레를 만들었습니다. 카레를 만드는 데 사용한 감자는 몇 kg인가요?

 식

 답   kg

21 _{일차} (대분수)×(대분수)

$2\dfrac{2}{5} \times 1\dfrac{3}{4}$ 을 계산해 볼까요?

스마트 학습

방법 **1** 대분수를 가분수로 바꾼 후 계산하기

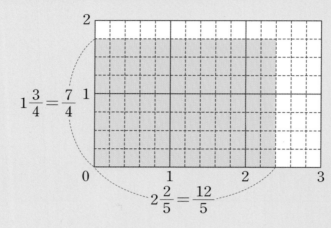

$1\dfrac{3}{4} = \dfrac{7}{4}$

$2\dfrac{2}{5} = \dfrac{12}{5}$

$$2\dfrac{2}{5} \times 1\dfrac{3}{4} = \dfrac{\overset{3}{\cancel{12}}}{5} \times \dfrac{7}{\underset{1}{\cancel{4}}} = \dfrac{21}{5} = 4\dfrac{1}{5}$$

대분수를 가분수로
바꾸기

개념 확인

1 ☐ 안에 알맞은 수를 써넣으세요.

(1) $1\dfrac{1}{3} \times 1\dfrac{2}{5} = \dfrac{4}{3} \times \dfrac{7}{5} = \dfrac{\boxed{}}{15} = \boxed{}\dfrac{\boxed{}}{15}$

(2) $1\dfrac{1}{4} \times 2\dfrac{2}{7} = \dfrac{5}{\underset{1}{\cancel{4}}} \times \dfrac{\overset{4}{\cancel{16}}}{7} = \dfrac{\boxed{}}{7} = \boxed{}\dfrac{\boxed{}}{7}$

(3) $3\dfrac{1}{2} \times 2\dfrac{2}{3} = \dfrac{\boxed{}}{2} \times \dfrac{\boxed{}}{3} = \dfrac{\boxed{}}{3} = \boxed{}\dfrac{\boxed{}}{\boxed{}}$

(4) $2\dfrac{1}{6} \times 1\dfrac{3}{7} = \dfrac{\boxed{}}{6} \times \dfrac{\boxed{}}{\boxed{}} = \dfrac{\boxed{}}{21} = \boxed{}\dfrac{\boxed{}}{\boxed{}}$

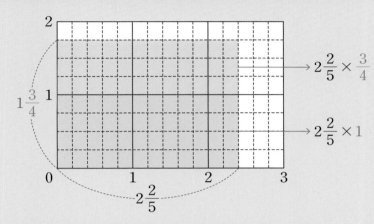

대분수를 자연수와 진분수의 합으로 바꾸기

$$2\frac{2}{5} \times 1\frac{3}{4} = 2\frac{2}{5} \times 1 + 2\frac{2}{5} \times \frac{3}{4} = 2\frac{2}{5} + \frac{\overset{3}{\cancel{12}}}{5} \times \frac{3}{\underset{1}{\cancel{4}}}$$

$$= 2\frac{2}{5} + \frac{9}{5} = 2\frac{2}{5} + 1\frac{4}{5} = 3\frac{6}{5} = 4\frac{1}{5}$$

개념 확인

2 □ 안에 알맞은 수를 써넣으세요.

(1) $1\frac{3}{7} \times 1\frac{1}{5} = 1\frac{3}{7} \times 1 + 1\frac{3}{7} \times \frac{1}{5} = 1\frac{3}{7} + \frac{\square}{7} \times \frac{\square}{\square}$

$$= 1\frac{3}{7} + \frac{\square}{7} = \square\frac{\square}{7}$$

(2) $1\frac{5}{9} \times 1\frac{4}{7} = 1\frac{5}{9} \times 1 + 1\frac{5}{9} \times \frac{\square}{\square} = 1\frac{5}{9} + \frac{\square}{9} \times \frac{\square}{\square}$

$$= 1\frac{5}{9} + \frac{\square}{9} = \square\frac{\square}{9} = \square\frac{\square}{9}$$

1 보기와 같이 계산해 보세요.

$$\text{보기} \quad 1\frac{1}{2} \times 1\frac{1}{4} = \frac{3}{2} \times \frac{5}{4} = \frac{15}{8} = 1\frac{7}{8}$$

(1) $2\frac{1}{4} \times 2\frac{1}{2}$

(2) $1\frac{3}{5} \times 1\frac{1}{7}$

2 보기와 같이 계산해 보세요.

$$\text{보기} \quad 1\frac{1}{2} \times 2\frac{1}{3} = 1\frac{1}{2} \times 2 + 1\frac{1}{2} \times \frac{1}{3} = \frac{3}{2} \times \overset{1}{2} + \frac{\overset{1}{3}}{2} \times \frac{1}{\underset{1}{3}} = 3 + \frac{1}{2} = 3\frac{1}{2}$$

(1) $3\frac{1}{2} \times 2\frac{2}{9}$

(2) $1\frac{3}{4} \times 4\frac{1}{7}$

3 계산해 보세요.

(1) $1\frac{3}{7} \times 1\frac{3}{10}$

(2) $1\frac{7}{8} \times 1\frac{3}{5}$

(3) $2\frac{2}{5} \times 3\frac{1}{3}$

(4) $2\frac{2}{9} \times 2\frac{5}{8}$

(5) $4\frac{1}{2} \times 1\frac{1}{6}$

(6) $7\frac{1}{3} \times 1\frac{4}{11}$

4 지수가 말하는 수를 구해 보세요.

지수

$4\frac{1}{8}$의 $1\frac{5}{11}$배인 수

(   )

5 잘못 계산한 곳을 찾아 바르게 고쳐 보세요.

$$3\frac{5}{9} \times 2\frac{3}{8} = \frac{\overset{1}{\cancel{14}}}{\underset{3}{\cancel{3}}} \times \frac{\overset{7}{\cancel{17}}}{\underset{4}{\cancel{8}}} = \frac{119}{12} = 9\frac{11}{12}$$

$3\frac{5}{9} \times 2\frac{3}{8}$ _____

6 계산 결과가 큰 것부터 차례로 기호를 써 보세요.

$$\bigcirc \ 2\frac{2}{5} \times 1\frac{5}{8} \qquad \bigcirc \ 1\frac{7}{8} \times 3\frac{1}{9} \qquad \bigcirc \ 2\frac{7}{10} \times 2\frac{1}{6}$$

(   )

7 한 변의 길이가 $3\frac{1}{3}$ m인 정사각형 모양의 채소밭의 넓이는 몇 m²인가요?

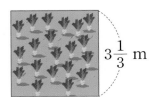

$3\frac{1}{3}$ m

식

답   m²

세 분수의 곱셈

$\dfrac{5}{6} \times \dfrac{3}{5} \times \dfrac{1}{2}$ 을 계산해 볼까요?

스마트 학습

방법 ① 앞에서부터 차례로 계산하기

$$\frac{5}{6} \times \frac{3}{5} \times \frac{1}{2} = \left(\frac{\overset{1}{\cancel{5}}}{\underset{2}{\cancel{6}}} \times \frac{\overset{1}{\cancel{3}}}{\underset{1}{\cancel{5}}} \right) \times \frac{1}{2} = \frac{1}{2} \times \frac{1}{2} = \frac{1}{4}$$

방법 ② 뒤의 두 분수를 먼저 계산하기

$$\frac{5}{6} \times \frac{3}{5} \times \frac{1}{2} = \frac{5}{6} \times \left(\frac{3}{5} \times \frac{1}{2} \right) = \frac{\overset{1}{\cancel{5}}}{\underset{2}{\cancel{6}}} \times \frac{\overset{1}{\cancel{3}}}{\underset{2}{\cancel{10}}} = \frac{1}{4}$$

방법 ③ 세 분수를 한꺼번에 계산하기

$$\frac{5}{6} \times \frac{3}{5} \times \frac{1}{2} = \frac{\overset{1}{\cancel{5}} \times \overset{1}{\cancel{3}} \times 1}{\underset{2}{\cancel{6}} \times \underset{1}{\cancel{5}} \times 2} = \frac{1}{4}$$

개념 확인

1 $\dfrac{2}{5} \times \dfrac{3}{8} \times \dfrac{5}{7}$ 를 여러 가지 방법으로 계산하려고 합니다. ☐ 안에 알맞은 수를 써넣으세요.

방법 ① $\dfrac{2}{5} \times \dfrac{3}{8} \times \dfrac{5}{7} = \left(\dfrac{2}{5} \times \dfrac{\overset{1}{\cancel{3}}}{\underset{4}{\cancel{8}}} \right) \times \dfrac{5}{7} = \dfrac{\boxed{}}{\underset{4}{\cancel{20}}} \times \dfrac{\overset{1}{\cancel{5}}}{7} = \dfrac{\boxed{}}{\boxed{}}$

방법 ② $\dfrac{2}{5} \times \dfrac{3}{8} \times \dfrac{5}{7} = \dfrac{2}{5} \times \left(\dfrac{3}{8} \times \dfrac{5}{7} \right) = \dfrac{\cancel{2}}{\cancel{5}}^{\boxed{}}_{\boxed{}} \times \dfrac{\cancel{15}}{56}^{\boxed{}} = \dfrac{\boxed{}}{\boxed{}}$

방법 ③ $\dfrac{2}{5} \times \dfrac{3}{8} \times \dfrac{5}{7} = \dfrac{\cancel{2} \times 3 \times \cancel{5}}{\cancel{5} \times \cancel{8} \times 7}^{\boxed{}\ \boxed{}}_{\boxed{}\ \boxed{}} = \dfrac{\boxed{}}{\boxed{}}$

여러 가지 분수의 곱셈을 계산해 볼까요?

(1) 대분수가 있는 분수의 곱셈

분수의 곱셈에서 대분수가 있으면 먼저 대분수를 가분수로 바꾼 후 계산합니다.

$$1\frac{3}{5} \times \frac{1}{4} \times \frac{5}{7} = \frac{8}{5} \times \frac{1}{4} \times \frac{5}{7} = \frac{\overset{2}{8} \times 1 \times \overset{1}{5}}{\underset{1}{5} \times \underset{1}{4} \times 7} = \frac{2}{7}$$

대분수를 가분수로 바꾸기

스마트 학습

(2) 자연수가 있는 분수의 곱셈

분수의 곱셈에서 자연수가 있으면 먼저 자연수를 분모가 1인 분수로 바꾼 후
계산합니다.

$$4 \times \frac{3}{8} \times \frac{1}{6} = \frac{4}{1} \times \frac{3}{8} \times \frac{1}{6} = \frac{\overset{1}{4} \times \overset{1}{3} \times 1}{1 \times \underset{2}{8} \times \underset{2}{6}} = \frac{1}{4}$$

자연수를 분모가 1인 분수로 바꾸기

> 자연수 ■ 를 분수 $\frac{■}{1}$ 로
> 나타낼 수 있어.

개념 확인

2 ☐ 안에 알맞은 수를 써넣으세요.

(1) $1\frac{2}{7} \times \frac{1}{3} \times \frac{3}{11} = \frac{\boxed{}}{7} \times \frac{1}{3} \times \frac{3}{11} = \frac{\boxed{} \times 1 \times \overset{1}{3}}{7 \times \underset{1}{3} \times 11} = \frac{\boxed{}}{\boxed{}}$

(2) $\frac{9}{14} \times 1\frac{2}{3} \times \frac{7}{8} = \frac{9}{14} \times \frac{\boxed{}}{3} \times \frac{7}{8} = \frac{\overset{\boxed{}}{9} \times \boxed{} \times \overset{\boxed{}}{7}}{\underset{\boxed{}}{14} \times \underset{\boxed{}}{3} \times 8} = \frac{\boxed{}}{\boxed{}}$

(3) $3 \times \frac{5}{9} \times \frac{5}{8} = \frac{3}{\boxed{}} \times \frac{5}{9} \times \frac{5}{8} = \frac{\overset{\boxed{}}{3} \times 5 \times 5}{\boxed{} \times \underset{\boxed{}}{9} \times 8} = \frac{\boxed{}}{\boxed{}} = \boxed{}\frac{\boxed{}}{\boxed{}}$

1 $\frac{3}{4} \times \frac{5}{6} \times \frac{3}{10}$ 을 보기와 같이 여러 가지 방법으로 계산해 보세요.

보기

방법❶ $\frac{1}{3} \times \frac{4}{5} \times \frac{1}{8} = \left(\frac{1}{3} \times \frac{4}{5} \right) \times \frac{1}{8} = \frac{\overset{1}{\cancel{4}}}{15} \times \frac{1}{\underset{2}{\cancel{8}}} = \frac{1}{30}$

방법❷ $\frac{1}{3} \times \frac{4}{5} \times \frac{1}{8} = \frac{1}{3} \times \left(\frac{\overset{1}{\cancel{4}}}{5} \times \frac{1}{\underset{2}{\cancel{8}}} \right) = \frac{1}{3} \times \frac{1}{10} = \frac{1}{30}$

방법❸ $\frac{1}{3} \times \frac{4}{5} \times \frac{1}{8} = \frac{1 \times \overset{1}{\cancel{4}} \times 1}{3 \times 5 \times \underset{2}{\cancel{8}}} = \frac{1}{30}$

방법❶ $\frac{3}{4} \times \frac{5}{6} \times \frac{3}{10}$ _____

방법❷ $\frac{3}{4} \times \frac{5}{6} \times \frac{3}{10}$ _____

방법❸ $\frac{3}{4} \times \frac{5}{6} \times \frac{3}{10}$ _____

2 계산해 보세요.

(1) $\frac{1}{2} \times \frac{1}{4} \times \frac{5}{8}$

(2) $\frac{1}{2} \times \frac{4}{5} \times \frac{3}{7}$

(3) $\frac{2}{3} \times \frac{5}{6} \times \frac{2}{9}$

(4) $1\frac{1}{2} \times \frac{1}{6} \times \frac{1}{4}$

(5) $\frac{1}{3} \times 2\frac{2}{5} \times \frac{7}{10}$

(6) $2 \times \frac{6}{7} \times \frac{7}{8}$

(7) $\frac{3}{4} \times 8 \times \frac{7}{12}$

(8) $\frac{5}{9} \times 1\frac{7}{8} \times 12$

3 빈 곳에 세 분수의 곱을 써넣으세요.

4 사다리를 타고 내려가 도착한 곳에 계산 결과를 써넣으세요.

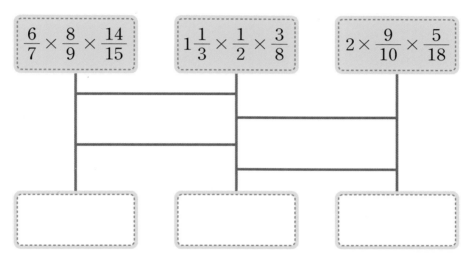

5 계산 결과를 비교하여 ◯ 안에 >, =, <를 알맞게 써넣으세요.

$$3\frac{1}{5} \times 6 \times \frac{1}{10} \bigcirc 4\frac{4}{9} \times \frac{7}{8} \times 2$$

6 주스 12 L의 $\frac{2}{5}$가 당근주스이고 그중의 $\frac{1}{3}$을 마셨습니다. 마신 당근주스는 몇 L인가요?

식

답   L

마무리 하기

1 그림을 보고 □ 안에 알맞은 수를 써넣으세요.

$$\frac{3}{8} \times 3 = \frac{3 \times \boxed{}}{8} = \frac{\boxed{}}{8} = \boxed{} \frac{\boxed{}}{\boxed{}}$$

2 보기와 같이 계산해 보세요.

보기

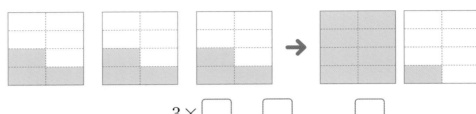

$$6 \times 3\frac{1}{4} = 6 \times \frac{13}{4} = \frac{\overset{3}{\cancel{6}} \times 13}{\underset{2}{\cancel{4}}} = \frac{39}{2} = 19\frac{1}{2}$$

$15 \times 4\frac{1}{5}$

3 계산해 보세요.

(1) $10 \times \frac{11}{12}$

(2) $1\frac{1}{14} \times 21$

100

4 계산 결과를 찾아 이어 보세요.

$4 \times \dfrac{6}{7}$ •

$12 \times \dfrac{8}{9}$ •

$20 \times \dfrac{3}{16}$ •

• $3\dfrac{3}{7}$

• $3\dfrac{3}{4}$

• $10\dfrac{2}{3}$

5 빈칸에 알맞은 수를 써넣으세요.

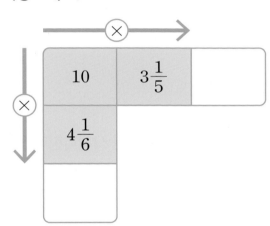

6 두 분수의 곱을 구해 보세요.

(1) $\dfrac{1}{9}$ $\dfrac{1}{3}$

(   )

(2) $\dfrac{8}{15}$ $\dfrac{5}{6}$

(   )

7 계산 결과가 다른 식을 찾아 ○표 하세요.

$$4 \times \frac{7}{10} \qquad 1\frac{1}{2} \times 1\frac{13}{15} \qquad \frac{8}{15} \times 6$$

8 빈칸에 알맞은 분수를 써넣으세요.

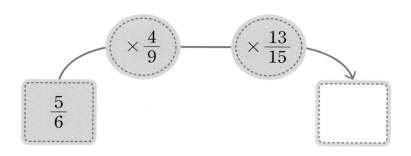

9 가로가 $\frac{6}{11}$ m이고 세로가 $\frac{1}{8}$ m인 직사각형이 있습니다. 이 직사각형의 넓이는 몇 m²인가요?

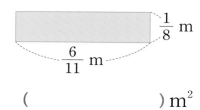

( ) m²

10 ☐ 안에 들어갈 수 있는 가장 큰 자연수를 구해 보세요.

$$2\frac{7}{9} \times 12 > \boxed{}$$

( )

102

11 계산 결과가 작은 것부터 차례로 ○ 안에 1, 2, 3을 써넣으세요.

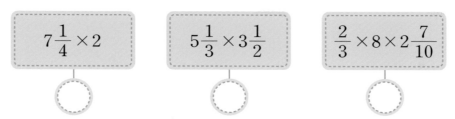

$$7\frac{1}{4} \times 2 \qquad 5\frac{1}{3} \times 3\frac{1}{2} \qquad \frac{2}{3} \times 8 \times 2\frac{7}{10}$$

○　　○　　○

12 1분에 $1\dfrac{1}{3}$ km를 달리는 자동차가 있습니다. 이 자동차가 같은 빠르기로 2분 15초 동안 달린 거리는 몇 km인가요?

(   ) km

빠른 개념 찾기

틀린 문제는 개념을
다시 확인해 보세요.

23일차
정답 확인

개념	문제 번호
16일차 (진분수)×(자연수)	1
17일차 (대분수)×(자연수)	3(2), 10
18일차 (자연수)×(진분수)	3(1), 4
19일차 (자연수)×(대분수)	2, 5
20일차 (진분수)×(진분수)	6, 9
21일차 (대분수)×(대분수)	7, 12
22일차 세 분수의 곱셈	8, 11

우리가 살아가야 할 지구, 이 지구를 지키기 위해 우리는 생활 속에서 항상 환경을 지키려는 노력을 해야 합니다. 바다에서 찾을 수 있는 환경지킴이를 찾아 ○표 하세요.

4장

분수의 나눗셈

24일차	(자연수)÷(자연수)_몫이 1보다 작은 계산	월	일
25일차	(자연수)÷(자연수)_몫이 1보다 큰 계산	월	일
26일차	(자연수)÷(자연수)_분수의 곱셈으로 나타내어 계산	월	일
27일차	(진분수)÷(자연수)	월	일
28일차	(대분수)÷(자연수)	월	일
29일차	마무리 하기	월	일
30일차	분모가 같은 (분수)÷(분수)	월	일
31일차	분모가 다른 (분수)÷(분수)	월	일
32일차	(자연수)÷(분수)	월	일
33일차	(분수)÷(분수)_분수의 곱셈으로 나타내어 계산	월	일
34일차	대분수의 나눗셈	월	일
35일차	마무리 하기	월	일

공부 계획

24 일차

(자연수)÷(자연수)_몫이 1보다 작은 계산

1÷5를 계산해 볼까요?

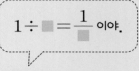

스마트 학습

원 1개를 똑같이 5로 나누어 그중의 한 칸을 색칠하면 색칠한 부분은 $\frac{1}{5}$ 이므로

1÷5의 몫을 분수로 나타내면 $\frac{1}{5}$ 입니다.

$1 \div \blacksquare = \dfrac{1}{\blacksquare}$ 이야.

$1 \div 5 = \dfrac{1}{5}$

개념 확인

1 나눗셈의 몫을 그림으로 나타내고, ☐ 안에 알맞은 수를 써넣으세요.

(1) $1 \div 6$ 0   1 $\dfrac{1}{\boxed{}}$

(2) $1 \div 3$ 0   1 $\dfrac{1}{\boxed{}}$

(3) $1 \div 4$ 0   1 $\dfrac{1}{\boxed{}}$

(4) $1 \div 7$ 0   1 $\dfrac{\boxed{}}{\boxed{}}$

(5) $1 \div 8$ 0   1 $\dfrac{\boxed{}}{\boxed{}}$

3÷5를 계산해 볼까요?

원 3개를 각각 똑같이 5로 나누어 그중의 한 칸씩을 색칠하면 색칠한 부분은 $\frac{1}{5}$이 3개이므로 3÷5의 몫을 분수로 나타내면 $\frac{3}{5}$입니다.

$$3 \div 5 = \frac{3}{5}$$

▲ ÷ ■ = $\frac{▲}{■}$야.

스마트 학습

개념 확인

2 그림을 보고 ☐ 안에 알맞은 수를 써넣으세요.

(1)

→ $2 \div 3 = \dfrac{\boxed{}}{3}$

(2)

→ $3 \div 4 = \dfrac{\boxed{}}{\boxed{}}$

(3)

→ $4 \div 5 = \dfrac{\boxed{}}{\boxed{}}$

(4)

→ $5 \div 6 = \dfrac{\boxed{}}{\boxed{}}$

1 나눗셈의 몫을 그림과 분수로 나타내 보세요.

(1)

$1 \div 5 = \dfrac{\square}{\square}$

(2)

$1 \div 8 = \dfrac{\square}{\square}$

2 나눗셈의 몫을 그림과 분수로 나타내 보세요.

(1) $3 \div 4$ $\dfrac{\square}{\square}$

(2) $4 \div 7$ $\dfrac{\square}{\square}$

(3) $5 \div 8$ $\dfrac{\square}{\square}$

3 나눗셈의 몫을 분수로 나타내 보세요.

(1) $1 \div 9$

(2) $1 \div 11$

(3) $2 \div 5$

(4) $3 \div 8$

(5) $4 \div 9$

(6) $5 \div 12$

4 빈칸에 알맞은 분수를 써넣으세요.

$$\div$$

9	10	
7	13	

5 계산 결과를 찾아 이어 보세요.

$3 \div 11$ •

$8 \div 9$ •

• $\dfrac{8}{9}$

• $\dfrac{9}{8}$

• $\dfrac{3}{11}$

6 나눗셈의 몫을 비교하여 ○ 안에 $>$, $=$, $<$ 를 알맞게 써넣으세요.

$$7 \div 10 \bigcirc 5 \div 7$$

7 포도주스 6 L를 병 7개에 남김없이 똑같이 나누어 담았습니다.
병 한 개에 담은 포도주스는 몇 L인지 분수로 나타내 보세요.

 식

 답   L

(자연수)÷(자연수)_몫이 1보다 큰 계산

4÷3을 계산해 볼까요?

방법 1 나눗셈의 몫과 나머지를 이용하여 계산하기

원 4개를 똑같이 3으로 나누면 $4 \div 3 = 1 \cdots 1$이므로 1개씩 나누고 나머지 1개도 3으로 나누면 $\frac{1}{3}$이 됩니다. ➡ 4÷3의 몫을 분수로 나타내면 $1\frac{1}{3}$입니다.

$$4 \div 3 = 1\frac{1}{3}$$

개념 확인

1 그림을 보고 ☐ 안에 알맞은 수를 써넣으세요.

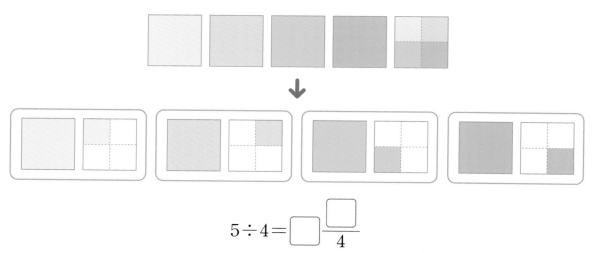

$$5 \div 4 = \boxed{}\,\frac{\boxed{}}{4}$$

개념 확인

2 8÷5의 몫을 분수로 나타내는 과정입니다. ☐ 안에 알맞은 수를 써넣으세요.

$8 \div 5 = \boxed{} \cdots \boxed{}$, 나머지 $\boxed{}$을 5로 나누면 $\dfrac{\boxed{}}{\boxed{}}$입니다. ➡ $8 \div 5 = \boxed{}\,\dfrac{\boxed{}}{\boxed{}}$

1÷(자연수)의 몫을 이용하여 계산하기

원 4개를 각각 똑같이 3으로 나누면 $\dfrac{1}{3}$이 4개이므로 4÷3의 몫을 분수로 나타내면 $\dfrac{4}{3}$입니다.

$$4 \div 3 = \dfrac{4}{3} = 1\dfrac{1}{3}$$

가분수를 대분수로
바꾸기

$1 \div 3 = \dfrac{1}{3}$이고,

$4 \div 3$은 $\dfrac{1}{3}$이 4개야.

개념 확인

3 그림을 보고 ☐ 안에 알맞은 수를 써넣으세요.

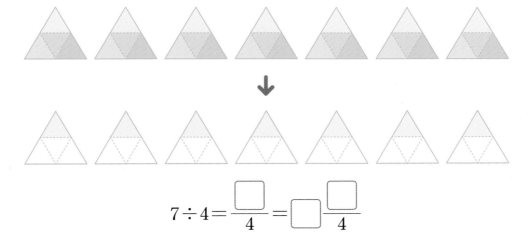

$$7 \div 4 = \dfrac{\boxed{}}{4} = \boxed{}\dfrac{\boxed{}}{4}$$

개념 확인

4 5÷3의 몫을 분수로 나타내는 과정입니다. ☐ 안에 알맞은 수를 써넣으세요.

$1 \div 3 = \dfrac{1}{3}$이고, 5÷3은 $\dfrac{1}{3}$이 $\boxed{}$개입니다. ➜ $5 \div 3 = \dfrac{\boxed{}}{3} = \boxed{}\dfrac{\boxed{}}{\boxed{}}$

나눗셈의 몫을 그림과 분수로 나타내 보세요.

(1) $3 \div 2$

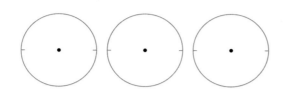

$$3 \div 2 = \frac{\square}{\square} = \square\frac{\square}{\square}$$

(2) $6 \div 5$

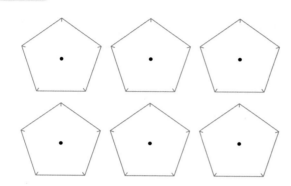

$$6 \div 5 = \frac{\square}{\square} = \square\frac{\square}{\square}$$

(3) $7 \div 3$

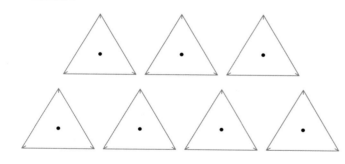

$$7 \div 3 = \frac{\square}{\square} = \square\frac{\square}{\square}$$

2 나눗셈의 몫을 분수로 나타내 보세요.

(1) $8 \div 7$

(2) $9 \div 5$

(3) $11 \div 3$

(4) $13 \div 2$

(5) $15 \div 4$

(6) $17 \div 6$

3 빈칸에 알맞은 분수를 써넣으세요.

(1)

$$11 \rightarrow \boxed{\div 9} \rightarrow \boxed{}$$

(2)

$$20 \rightarrow \boxed{\div 13} \rightarrow \boxed{}$$

4 큰 수를 작은 수로 나눈 몫을 분수로 나타내 보세요.

(1)

19	7

(   )

(2)

12	23

(   )

5 나눗셈의 몫이 1보다 큰 식을 모두 찾아 색칠해 보세요.

$7 \div 9$ $9 \div 7$ $11 \div 4$ $4 \div 11$

6 방울토마토 $13 \ \mathrm{kg}$을 6상자에 똑같이 나누어 담았습니다. 한 상자에 담은 방울토마토는 몇 kg인지 분수로 나타내 보세요.

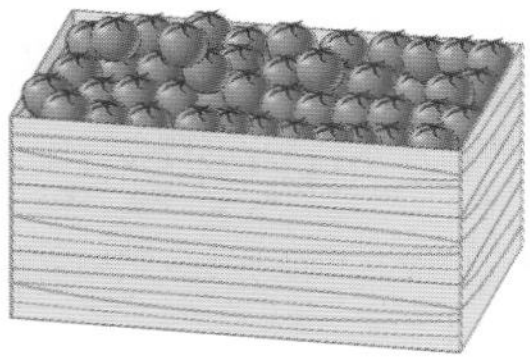

식 _____

답 _____ kg

3÷4를 분수의 곱셈으로 나타내 볼까요?

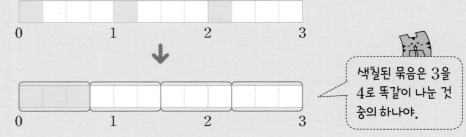

스마트 학습

색칠된 묶음은 3을 4로 똑같이 나눈 것 중의 하나야.

3÷4의 묶음 3을 4등분한 것 중의 하나입니다. 이것은 3의 $\frac{1}{4}$이므로 $3 \times \frac{1}{4}$입니다.

$$3 \div 4 = 3 \times \frac{1}{4} = \frac{3}{4}$$

나눗셈을 분수의 곱셈으로 나타내기

개념 확인

1 그림을 보고 □ 안에 알맞은 수를 써넣으세요.

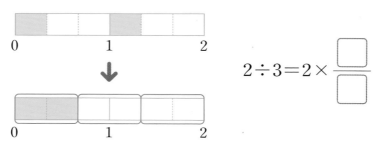

$$2 \div 3 = 2 \times \frac{\boxed{}}{\boxed{}}$$

개념 확인

2 나눗셈을 분수의 곱셈으로 나타내어 계산해 보세요.

(1) $4 \div 9 = 4 \times \dfrac{1}{\boxed{}} = \dfrac{4}{\boxed{}}$

(2) $5 \div 8 = 5 \times \dfrac{1}{\boxed{}} = \dfrac{5}{\boxed{}}$

(3) $2 \div 5 = \boxed{} \times \dfrac{\boxed{}}{\boxed{}} = \dfrac{\boxed{}}{\boxed{}}$

(4) $7 \div 9 = \boxed{} \times \dfrac{\boxed{}}{\boxed{}} = \dfrac{\boxed{}}{\boxed{}}$

5÷3을 분수의 곱셈으로 나타내 볼까요?

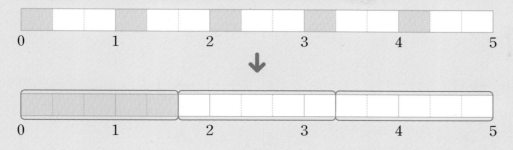

5÷3의 몫은 5를 3등분한 것 중의 하나입니다. 이것은 5의 $\frac{1}{3}$이므로 $5 \times \frac{1}{3}$입니다.

가분수를 대분수로 바꾸기

$$5 \div 3 = 5 \times \frac{1}{3} = \frac{5}{3} = 1\frac{2}{3}$$

나눗셈을 분수의
곱셈으로 나타내기

스마트 학습

개념 확인

3 그림을 보고 ☐ 안에 알맞은 수를 써넣으세요.

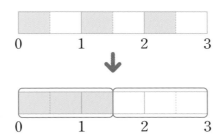

$$3 \div 2 = 3 \times \frac{\boxed{}}{\boxed{}}$$

개념 확인

4 나눗셈을 분수의 곱셈으로 나타내어 계산해 보세요.

(1) $6 \div 5 = 6 \times \dfrac{1}{\boxed{}} = \dfrac{6}{\boxed{}} = \boxed{}\dfrac{\boxed{}}{\boxed{}}$

(2) $13 \div 4 = \boxed{} \times \dfrac{\boxed{}}{\boxed{}} = \dfrac{\boxed{}}{\boxed{}} = \boxed{}\dfrac{\boxed{}}{\boxed{}}$

나눗셈을 분수의 곱셈으로 나타내 보세요.

(1) $2 \div 7$ ➡ (   )   (2) $4 \div 5$ ➡ (   )

(3) $7 \div 8$ ➡ (   )   (4) $8 \div 11$ ➡ (   )

(5) $10 \div 9$ ➡ (   )   (6) $17 \div 8$ ➡ (   )

2 나눗셈을 분수의 곱셈으로 나타내어 계산해 보세요.

(1) $3 \div 7$ (2) $5 \div 9$

(3) $7 \div 12$ (4) $11 \div 2$

(5) $16 \div 5$ (6) $23 \div 6$

3 관계있는 것끼리 이어 보세요.

$3 \div 11$	•		•	$12 \times \dfrac{1}{5}$	•		•	$\dfrac{3}{11}$
$7 \div 6$	•		•	$3 \times \dfrac{1}{11}$	•		•	$2\dfrac{2}{5}$
$12 \div 5$	•		•	$7 \times \dfrac{1}{6}$	•		•	$1\dfrac{1}{6}$

4 바르게 계산한 것에 ◯표 하세요.

$$5 \div 7 = \frac{1}{5} \times 7 = \frac{7}{5} = 1\frac{2}{5}$$

☐

$$11 \div 9 = 11 \times \frac{1}{9} = \frac{11}{9} = 1\frac{2}{9}$$

☐

5 잘못 계산한 곳을 찾아 ◯표 하고, 바르게 계산해 보세요.

$$13 \div 8 = \frac{1}{13} \times 8 = \frac{8}{13}$$

→

6 가장 큰 수를 가장 작은 수로 나눈 몫을 구해 보세요.

| 10 | 6 | 17 | 5 | 3 |

(   )

7 콩 15 kg을 8봉지에 똑같이 나누어 담으려고 합니다. 한 봉지에 담아야 하는 콩은 몇 kg인가요?

 식

 답   kg

27일차 (진분수)÷(자연수)

$\dfrac{4}{5} \div 2$를 계산해 볼까요?

스마트 학습

$\dfrac{4}{5}$는 $\dfrac{1}{5}$이 4개이고 $\dfrac{4}{5} \div 2$는 $\dfrac{1}{5}$이 4개인 수를 2로 나누는 것입니다.

→ 분자를 자연수로 나누기

$$\dfrac{4}{5} \div 2 = \dfrac{4 \div 2}{5} = \dfrac{2}{5}$$

분자가 자연수의 배수일 때에는 분자를 자연수로 나누어 계산할 수 있어.

개념 확인

1 ☐ 안에 알맞은 수를 써넣으세요.

(1) $\dfrac{6}{7} \div 3 = \dfrac{6 \div 3}{7} = \dfrac{\boxed{}}{7}$

(2) $\dfrac{8}{9} \div 4 = \dfrac{8 \div 4}{9} = \dfrac{\boxed{}}{9}$

(3) $\dfrac{10}{17} \div 5 = \dfrac{10 \div \boxed{}}{17} = \dfrac{\boxed{}}{17}$

(4) $\dfrac{6}{11} \div 2 = \dfrac{6 \div \boxed{}}{11} = \dfrac{\boxed{}}{11}$

(5) $\dfrac{3}{4} \div 3 = \dfrac{\boxed{} \div \boxed{}}{4} = \dfrac{\boxed{}}{4}$

(6) $\dfrac{12}{13} \div 6 = \dfrac{\boxed{} \div \boxed{}}{13} = \dfrac{\boxed{}}{13}$

(7) $\dfrac{8}{15} \div 4 = \dfrac{\boxed{} \div \boxed{}}{\boxed{}} = \dfrac{\boxed{}}{\boxed{}}$

(8) $\dfrac{7}{12} \div 7 = \dfrac{\boxed{} \div \boxed{}}{\boxed{}} = \dfrac{\boxed{}}{\boxed{}}$

$\frac{5}{6} \div 3$을 계산해 볼까요?

스마트 학습

$\frac{5}{6} \div 3$의 몫은 $\frac{5}{6}$를 3등분한 것 중의 하나입니다. 이것은 $\frac{5}{6}$의 $\frac{1}{3}$이므로

$\frac{5}{6} \times \frac{1}{3}$입니다.

$$\frac{5}{6} \div 3 = \frac{5}{6} \times \frac{1}{3} = \frac{5}{18}$$

나눗셈을 분수의
곱셈으로 나타내기

분자가 자연수의 배수가 아닐 때에는 나눗셈을 분수의 곱셈으로 나타내어 계산해.

개념 확인

2 ☐ 안에 알맞은 수를 써넣으세요.

(1) $\dfrac{3}{5} \div 5 = \dfrac{3}{5} \times \dfrac{1}{5} = \dfrac{\square}{\square}$

(2) $\dfrac{2}{7} \div 3 = \dfrac{2}{7} \times \dfrac{1}{3} = \dfrac{\square}{\square}$

(3) $\dfrac{4}{9} \div 7 = \dfrac{4}{9} \times \dfrac{1}{\square} = \dfrac{\square}{\square}$

(4) $\dfrac{5}{8} \div 2 = \dfrac{5}{8} \times \dfrac{1}{\square} = \dfrac{\square}{\square}$

(5) $\dfrac{9}{11} \div 4 = \dfrac{9}{11} \times \dfrac{\square}{\square} = \dfrac{\square}{\square}$

(6) $\dfrac{3}{10} \div 7 = \dfrac{3}{10} \times \dfrac{\square}{\square} = \dfrac{\square}{\square}$

(7) $\dfrac{6}{13} \div 5 = \dfrac{6}{13} \times \dfrac{\square}{\square} = \dfrac{\square}{\square}$

(8) $\dfrac{7}{15} \div 6 = \dfrac{7}{15} \times \dfrac{\square}{\square} = \dfrac{\square}{\square}$

1 보기와 같이 계산해 보세요.

보기
$$\frac{2}{3} \div 2 = \frac{2 \div 2}{3} = \frac{1}{3}$$

(1) $\frac{2}{5} \div 2$

(2) $\frac{4}{9} \div 2$

(3) $\frac{8}{11} \div 4$

(4) $\frac{10}{13} \div 5$

2 보기와 같이 계산해 보세요.

보기
$$\frac{3}{4} \div 7 = \frac{3}{4} \times \frac{1}{7} = \frac{3}{28}$$

(1) $\frac{3}{7} \div 5$

(2) $\frac{5}{8} \div 4$

(3) $\frac{11}{12} \div 6$

(4) $\frac{7}{15} \div 3$

3 계산해 보세요.

(1) $\frac{5}{12} \div 5$

(2) $\frac{12}{19} \div 4$

(3) $\frac{4}{5} \div 3$

(4) $\frac{4}{7} \div 5$

(5) $\frac{5}{8} \div 6$

(6) $\frac{9}{10} \div 7$

4 나눗셈의 몫을 수직선을 이용하여 구해 보세요.

(1)

$$\dfrac{4}{7} \div 2 = \dfrac{\square}{\square}$$

(2)

$$\dfrac{9}{10} \div 3 = \dfrac{\square}{\square}$$

5 빈칸에 알맞은 분수를 써넣으세요.

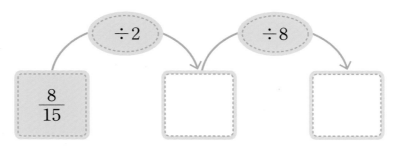

6 몫이 큰 것부터 차례로 ◯ 안에 1, 2, 3을 써넣으세요.

$\dfrac{5}{6} \div 4$	$\dfrac{11}{12} \div 4$	$\dfrac{7}{8} \div 14$
◯	◯	◯

7 철사 $\dfrac{5}{7}$ m를 겹치지 않게 모두 사용하여 정사각형 한 개를 만들었습니다. 이 정사각형의 한 변의 길이는 몇 m인가요?

 식

답 _____ m

$1\dfrac{1}{3}\div 2$를 계산해 볼까요?

$1\dfrac{1}{3}=\dfrac{4}{3}$

0   1   2

$\div 2$ →

0   1   2

$1\dfrac{1}{3}$을 가분수로 나타내면 $\dfrac{4}{3}$입니다. $\dfrac{4}{3}$는 $\dfrac{1}{3}$이 4개이고 $\dfrac{4}{3}\div 2$는 $\dfrac{1}{3}$이 4개인 수를 2로 나누는 것입니다.

→ 분자를 자연수로 나누기

$$1\dfrac{1}{3}\div 2=\dfrac{4}{3}\div 2=\dfrac{4\div 2}{3}=\dfrac{2}{3}$$

대분수를 가분수로
바꾸기

대분수를 가분수로 바꾸었을 때 분자가 자연수의 배수이면 분자를 자연수로 나누어 계산하면 간단해.

개념 확인

1 ☐ 안에 알맞은 수를 써넣으세요.

(1) $1\dfrac{1}{5}\div 3=\dfrac{6}{5}\div 3=\dfrac{\boxed{}\div 3}{5}=\dfrac{\boxed{}}{5}$

(2) $2\dfrac{2}{3}\div 4=\dfrac{\boxed{}}{3}\div 4=\dfrac{\boxed{}\div 4}{3}=\dfrac{\boxed{}}{3}$

(3) $4\dfrac{1}{2}\div 3=\dfrac{\boxed{}}{2}\div 3=\dfrac{\boxed{}\div 3}{2}=\dfrac{\boxed{}}{2}=\boxed{}\dfrac{\boxed{}}{2}$

(4) $6\dfrac{1}{4}\div 5=\dfrac{\boxed{}}{\boxed{}}\div \boxed{}=\dfrac{\boxed{}\div \boxed{}}{\boxed{}}=\dfrac{\boxed{}}{\boxed{}}=\boxed{}\dfrac{\boxed{}}{\boxed{}}$

$1\frac{3}{4} \div 3$을 계산해 볼까요?

$1\frac{3}{4} = \frac{7}{4}$

스마트 학습

$1\frac{3}{4}$ 을 가분수로 나타내면 $\frac{7}{4}$ 입니다. $\frac{7}{4} \div 3$의 몫은 $\frac{7}{4}$ 을 3등분한 것 중의 하나

입니다. 이것은 $\frac{7}{4}$ 의 $\frac{1}{3}$ 이므로 $\frac{7}{4} \times \frac{1}{3}$ 입니다.

대분수를 가분수로 바꾸기

$$1\frac{3}{4} \div 3 = \frac{7}{4} \div 3 = \frac{7}{4} \times \frac{1}{3} = \frac{7}{12}$$

나눗셈을 분수의
곱셈으로 나타내기

대분수를 가분수로 바꾸었을 때
분자가 자연수의 배수가 아니면
나눗셈을 분수의 곱셈으로
나타내어 계산해.

개념 확인

2 ☐ 안에 알맞은 수를 써넣으세요.

(1) $1\frac{1}{2} \div 5 = \frac{3}{2} \div 5 = \frac{\boxed{}}{2} \times \frac{1}{5} = \frac{\boxed{}}{\boxed{}}$

(2) $2\frac{4}{7} \div 7 = \frac{\boxed{}}{7} \div 7 = \frac{\boxed{}}{7} \times \frac{1}{\boxed{}} = \frac{\boxed{}}{\boxed{}}$

(3) $3\frac{5}{6} \div 2 = \frac{\boxed{}}{6} \div 2 = \frac{\boxed{}}{6} \times \frac{1}{\boxed{}} = \frac{\boxed{}}{\boxed{}} = \boxed{}\frac{\boxed{}}{\boxed{}}$

(4) $4\frac{2}{5} \div 3 = \frac{\boxed{}}{\boxed{}} \div \boxed{} = \frac{\boxed{}}{\boxed{}} \times \frac{\boxed{}}{\boxed{}} = \frac{\boxed{}}{\boxed{}} = \boxed{}\frac{\boxed{}}{\boxed{}}$

기본 다지기

1 보기 와 같이 계산해 보세요.

보기

$$1\frac{3}{7}\div 5=\frac{10}{7}\div 5=\frac{10\div 5}{7}=\frac{2}{7}$$

(1) $2\frac{2}{5}\div 3$

(2) $1\frac{5}{9}\div 7$

2 보기 와 같이 계산해 보세요.

보기

$$1\frac{1}{3}\div 3=\frac{4}{3}\div 3=\frac{4}{3}\times\frac{1}{3}=\frac{4}{9}$$

(1) $4\frac{1}{4}\div 5$

(2) $2\frac{4}{5}\div 6$

3 계산해 보세요.

(1) $2\frac{5}{8}\div 7$

(2) $4\frac{1}{6}\div 5$

(3) $2\frac{4}{5}\div 2$

(4) $1\frac{2}{9}\div 3$

(5) $2\frac{7}{10}\div 6$

(6) $4\frac{2}{3}\div 4$

4 빈칸에 분수를 자연수로 나눈 몫을 써넣으세요.

(1)
$4\dfrac{1}{8}$	11

(2)
$2\dfrac{4}{9}$	6

5 빈칸에 알맞은 분수를 써넣으세요.

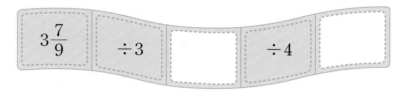

$3\dfrac{7}{9}$ $\div 3$ ☐ $\div 4$ ☐

6 잘못 계산한 친구의 이름을 써 보세요.

$4\dfrac{2}{3} \div 2 = 4\dfrac{1}{3}$

은혜

$2\dfrac{2}{5} \div 10 = \dfrac{6}{25}$

준호

(   )

7 은지는 물 $4\dfrac{2}{5}$ L를 4일 동안 똑같이 나누어 마시려고 합니다. 은지가 하루에 마셔야 할 물은 몇 L인가요?

답 _____ L

29^{일차} 마무리 하기

1 관계있는 것끼리 이어 보세요.

$1 \div 5$ •

• $\dfrac{1}{5}$이 2개

$2 \div 5$ •

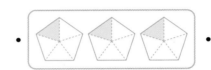

• $\dfrac{1}{5}$이 3개

$3 \div 5$ •

• $\dfrac{1}{5}$이 1개

2 나눗셈의 몫을 분수로 나타내 보세요.

(1) $3 \div 7$ 　　　　　　　　　(2) $16 \div 9$

3 $\dfrac{3}{5} \div 4$를 분수의 곱셈으로 나타내어 계산해 보세요.

$$\frac{3}{5} \div 4 = \frac{3}{5} \times \frac{\square}{\square} = \frac{\square}{\square}$$

4 빈칸에 알맞은 분수를 써넣으세요.

(1)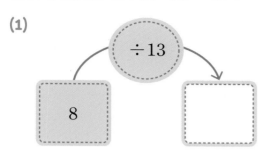

(2)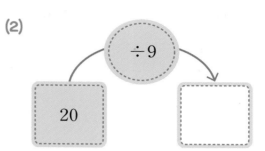

5 잘못 계산한 곳을 찾아 ○표 하고, 바르게 계산해 보세요.

$$5 \div 11 = 5 \times 11 = 55$$

6 분수를 자연수로 나눈 몫을 구해 보세요.

(1) $\dfrac{6}{7}$ 2

(   )

(2) 10 $3\dfrac{1}{8}$

(   )

7 나눗셈의 몫을 비교하여 ○ 안에 >, =, <를 알맞게 써넣으세요.

$$\frac{9}{10} \div 2 \bigcirc 1\frac{3}{5} \div 4$$

8 나눗셈의 몫이 다른 하나를 찾아 기호를 써 보세요.

$$\bigcirc \ \frac{2}{3} \div 4 \qquad \bigcirc \ \frac{4}{9} \div 6 \qquad \bigcirc \ 1\frac{1}{3} \div 8$$

(   )

9 넓이가 $\frac{20}{21}$ m²인 정사각형을 4등분하였습니다. 색칠한 부분의 넓이는 몇 m²인 가요?

(   ) m²

10 빈칸에 알맞은 분수를 써넣으세요.

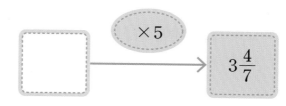

11 ☐ 안에 들어갈 수 있는 자연수를 모두 구해 보세요.

$$\frac{3}{8} \div 2 > \frac{\boxed{}}{16}$$

(   )

12 무게가 같은 복숭아 8개가 들어 있는 바구니의 무게가 $2\frac{1}{4}$ kg 입니다. 빈 바구니의 무게가 $\frac{3}{8}$ kg이라면 복숭아 한 개의 무게는 몇 kg인가요?

(   ) kg

빠른 개념 찾기

틀린 문제는 개념을 다시 확인해 보세요.

29일차 정답 확인

개념	문제 번호
24일차 (자연수)÷(자연수)_몫이 1보다 작은 계산	1, 2(1), 4(1)
25일차 (자연수)÷(자연수)_몫이 1보다 큰 계산	2(2), 4(2)
26일차 (자연수)÷(자연수)_분수의 곱셈으로 나타내어 계산	5
27일차 (진분수)÷(자연수)	3, 6(1), 9, 11
28일차 (대분수)÷(자연수)	6(2), 7, 8, 10, 12

$\dfrac{4}{7} \div \dfrac{1}{7}$ 과 $\dfrac{4}{7} \div \dfrac{2}{7}$ 를 계산해 볼까요?

— 분자끼리 나누어떨어지는 계산

- $\dfrac{4}{7} \div \dfrac{1}{7}$ 의 계산

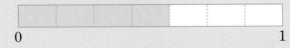

$\dfrac{4}{7}$ 에서 $\dfrac{1}{7}$ 을 4번 덜어 낼 수 있습니다. → $\dfrac{4}{7} \div \dfrac{1}{7} = 4$

- $\dfrac{4}{7} \div \dfrac{2}{7}$ 의 계산

방법 ❶ $\dfrac{4}{7}$ 에서 $\dfrac{2}{7}$ 를 2번 덜어 낼 수 있습니다. → $\dfrac{4}{7} \div \dfrac{2}{7} = 2$

방법 ❷ $\dfrac{4}{7}$ 는 $\dfrac{1}{7}$ 이 4개이고 $\dfrac{2}{7}$ 는 $\dfrac{1}{7}$ 이 2개이므로 $\dfrac{4}{7} \div \dfrac{2}{7}$ 는 4÷2로 계산

할 수 있습니다. → $\dfrac{4}{7} \div \dfrac{2}{7} = 4 \div 2 = 2$

개념 확인

1 그림을 보고 ☐ 안에 알맞은 수를 써넣으세요.

0 ──────────── 1

$\dfrac{4}{5}$ 에서 $\dfrac{1}{5}$ 을 ☐번 덜어 낼 수 있습니다. → $\dfrac{4}{5} \div \dfrac{1}{5} = $ ☐

개념 확인

2 ☐ 안에 알맞은 수를 써넣으세요.

$\dfrac{9}{10}$ 는 $\dfrac{1}{10}$ 이 9개이고 $\dfrac{3}{10}$ 은 $\dfrac{1}{10}$ 이 ☐개이므로 $\dfrac{9}{10} \div \dfrac{3}{10}$ 은 9÷☐으로 계

산할 수 있습니다. → $\dfrac{9}{10} \div \dfrac{3}{10} = $ ☐ ÷ ☐ = ☐

$\frac{5}{7} \div \frac{2}{7}$ 를 계산해 볼까요? − 분자끼리 나누어떨어지지 않는 계산

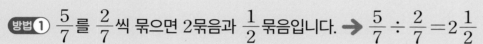

방법❶ $\frac{5}{7}$ 를 $\frac{2}{7}$ 씩 묶으면 2묶음과 $\frac{1}{2}$ 묶음입니다. → $\frac{5}{7} \div \frac{2}{7} = 2\frac{1}{2}$

방법❷ $\frac{5}{7}$ 는 $\frac{1}{7}$ 이 5개이고 $\frac{2}{7}$ 는 $\frac{1}{7}$ 이 2개이므로 $\frac{5}{7} \div \frac{2}{7}$ 는 5÷2로 계산할

수 있습니다. → $\frac{5}{7} \div \frac{2}{7} = 5 \div 2 = \frac{5}{2} = 2\frac{1}{2}$

> 분자끼리 나누어떨어지지 않을 때에는 몫을 분수로 나타내.

개념확인

3 ☐ 안에 알맞은 수를 써넣으세요.

(1) $\frac{5}{8}$ 는 $\frac{1}{8}$ 이 5개이고 $\frac{7}{8}$ 은 $\frac{1}{8}$ 이 ☐개이므로 $\frac{5}{8} \div \frac{7}{8}$ 은 5÷☐로 계산할 수

있습니다. → $\frac{5}{8} \div \frac{7}{8} = 5 \div \boxed{} = \frac{5}{\boxed{}}$

(2) $\frac{4}{5}$ 는 $\frac{1}{5}$ 이 ☐개이고 $\frac{3}{5}$ 은 $\frac{1}{5}$ 이 ☐개이므로 $\frac{4}{5} \div \frac{3}{5}$ 은 ☐÷☐으로 계

산할 수 있습니다. → $\frac{4}{5} \div \frac{3}{5} = \boxed{} \div \boxed{} = \frac{\boxed{}}{\boxed{}} = \boxed{}\frac{\boxed{}}{\boxed{}}$

1 그림을 보고 ☐ 안에 알맞은 수를 써넣으세요.

(1)

$$0 \quad \frac{1}{7} \quad \frac{2}{7} \quad \frac{3}{7} \quad \frac{4}{7} \quad \frac{5}{7} \quad \frac{6}{7} \quad 1$$

$$\frac{6}{7} \div \frac{3}{7} = \boxed{}$$

(2)

$$0 \quad \frac{1}{8} \quad \frac{2}{8} \quad \frac{3}{8} \quad \frac{4}{8} \quad \frac{5}{8} \quad \frac{6}{8} \quad \frac{7}{8} \quad 1$$

$$\frac{7}{8} \div \frac{2}{8} = \boxed{} \dfrac{\boxed{}}{\boxed{}}$$

2 계산해 보세요.

(1) $\dfrac{5}{6} \div \dfrac{1}{6}$

(2) $\dfrac{8}{9} \div \dfrac{4}{9}$

(3) $\dfrac{9}{11} \div \dfrac{3}{11}$

(4) $\dfrac{3}{5} \div \dfrac{2}{5}$

(5) $\dfrac{11}{12} \div \dfrac{5}{12}$

(6) $\dfrac{16}{21} \div \dfrac{13}{21}$

3 빈칸에 알맞은 수를 써넣으세요.

(1)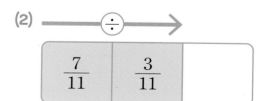

| $\dfrac{12}{17}$ | $\dfrac{3}{17}$ | |

(2)

| $\dfrac{7}{11}$ | $\dfrac{3}{11}$ | |

4 ⊙과 ⓒ에 알맞은 수의 합을 구해 보세요.

$$\frac{7}{16} \div \frac{13}{16} = ⊙ \div 13 = \frac{7}{ⓒ}$$

(   )

5 빈칸에 알맞은 수를 써넣으세요.

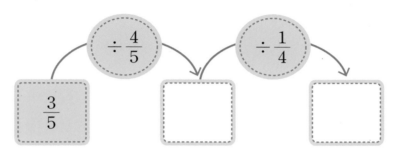

6 나눗셈의 몫이 다른 하나를 찾아 ◯표 하세요.

$\frac{6}{7} \div \frac{2}{7}$	$\frac{12}{13} \div \frac{6}{13}$	$\frac{10}{19} \div \frac{5}{19}$
( )	( )	( )

7 설탕 $\frac{12}{13}$ kg을 한 봉지에 $\frac{4}{13}$ kg씩 나누어 담으려고 합니다. 몇 봉지에 나누어 담을 수 있나요?

식

답   봉지

분모가 다른 (분수)÷(분수)

$\frac{2}{3} \div \frac{2}{9}$ 를 계산해 볼까요? — 분자끼리 나누어떨어지는 계산

$$\frac{2}{3} \div \frac{2}{9} = \frac{6}{9} \div \frac{2}{9} = 6 \div 2 = 3$$

통분하기

$\frac{2}{3}$ 는 $\frac{2}{9}$ 의 3배야.

개념 확인

1 ☐ 안에 알맞은 수를 써넣으세요.

(1) $\frac{1}{2} = \frac{3}{6}$

$\frac{1}{6}$

$$\frac{1}{2} \div \frac{1}{6} = \frac{\boxed{}}{6} \div \frac{\boxed{}}{6} = \boxed{} \div \boxed{} = \boxed{}$$

(2) $\frac{3}{4} = \frac{6}{8}$

$\frac{3}{8}$

$$\frac{3}{4} \div \frac{3}{8} = \frac{\boxed{}}{8} \div \frac{\boxed{}}{8} = \boxed{} \div \boxed{} = \boxed{}$$

$\frac{3}{4} \div \frac{2}{7}$를 계산해 볼까요? — 분자끼리 나누어떨어지지 않는 계산

$$\frac{3}{4} \div \frac{2}{7} = \frac{21}{28} \div \frac{8}{28} = 21 \div 8 = \frac{21}{8} = 2\frac{5}{8}$$

통분하기   가분수를 대분수로 바꾸기

스마트 학습

두 분수를 통분할 때에는 두 분모의 곱 또는 두 분모의 최소공배수를 공통분모로 하여 통분해.

개념 확인

2 ☐ 안에 알맞은 수를 써넣으세요.

(1) $\dfrac{2}{3} \div \dfrac{3}{4} = \dfrac{\square}{12} \div \dfrac{\square}{12} = \square \div \square = \dfrac{\square}{\square}$

(2) $\dfrac{3}{5} \div \dfrac{2}{3} = \dfrac{\square}{15} \div \dfrac{\square}{15} = \square \div \square = \dfrac{\square}{\square}$

(3) $\dfrac{4}{7} \div \dfrac{3}{5} = \dfrac{\square}{35} \div \dfrac{\square}{35} = \square \div \square = \dfrac{\square}{\square}$

(4) $\dfrac{5}{6} \div \dfrac{4}{7} = \dfrac{\square}{42} \div \dfrac{\square}{42} = \square \div \square = \dfrac{\square}{\square} = \square\dfrac{\square}{\square}$

(5) $\dfrac{7}{8} \div \dfrac{1}{6} = \dfrac{\square}{24} \div \dfrac{\square}{24} = \square \div \square = \dfrac{\square}{\square} = \square\dfrac{\square}{\square}$

135

1 그림을 보고 □ 안에 알맞은 수를 써넣으세요.

(1)

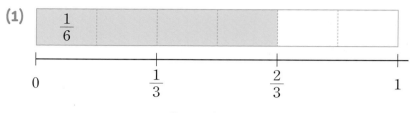

$$\frac{2}{3} \div \frac{1}{6} = \boxed{}$$

(2)

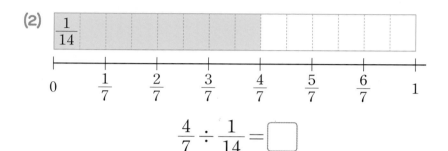

$$\frac{4}{7} \div \frac{1}{14} = \boxed{}$$

2 보기와 같이 계산해 보세요.

> 보기
>
> $$\frac{3}{4} \div \frac{4}{5} = \frac{15}{20} \div \frac{16}{20} = 15 \div 16 = \frac{15}{16}$$

(1) $\dfrac{3}{4} \div \dfrac{13}{16}$ _____

(2) $\dfrac{1}{2} \div \dfrac{7}{9}$ _____

3 계산해 보세요.

(1) $\dfrac{1}{2} \div \dfrac{1}{10}$

(2) $\dfrac{7}{8} \div \dfrac{7}{24}$

(3) $\dfrac{4}{7} \div \dfrac{1}{4}$

(4) $\dfrac{1}{2} \div \dfrac{4}{5}$

(5) $\dfrac{7}{9} \div \dfrac{2}{3}$

(6) $\dfrac{7}{12} \div \dfrac{4}{15}$

4 잘못 계산한 곳을 찾아 바르게 계산해 보세요.

$$\frac{5}{6} \div \frac{2}{7} = 5 \div 2 = \frac{5}{2} = 2\frac{1}{2}$$

$\dfrac{5}{6} \div \dfrac{2}{7}$ _____

5 사다리를 타고 내려가 도착한 곳에 나눗셈의 몫을 써넣으세요.

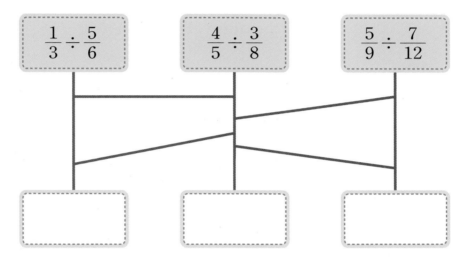

$\dfrac{1}{3} \div \dfrac{5}{6}$ $\dfrac{4}{5} \div \dfrac{3}{8}$ $\dfrac{5}{9} \div \dfrac{7}{12}$

6 나눗셈의 몫이 가장 큰 식을 찾아 색칠해 보세요.

$\dfrac{3}{8} \div \dfrac{5}{12}$ $\dfrac{2}{3} \div \dfrac{3}{7}$ $\dfrac{5}{6} \div \dfrac{7}{9}$

7 케이크 한 개 중 지아는 $\dfrac{3}{10}$ 을 먹었고, 동생은 $\dfrac{1}{8}$ 을 먹었습니다. 지아가 먹은 케이크 양은 동생이 먹은 케이크 양의 몇 배인가요?

 식 _____

 답 _____ 배

귤 3 kg을 따는 데 $\frac{1}{2}$시간이 걸릴 때 1시간 동안 딸 수 있는 귤은 몇 kg일까요?

방법 ① 그림을 이용하여 계산하기

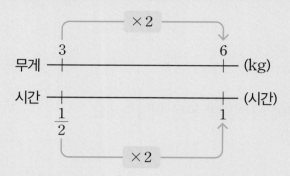

1시간 동안 딸 수 있는 귤의 무게는 $\frac{1}{2}$시간 동안 딸 수 있는 귤의 무게인 3 kg을 2배 한 것과 같습니다.

➔ $3 \times 2 = 6$ (kg)

방법 ② 나눗셈을 곱셈으로 나타내어 계산하기

(1시간 동안 딸 수 있는 귤의 무게)$= 3 \div \frac{1}{2} = 3 \times 2 = 6$ (kg)

단위분수의 분모 곱하기

개념 확인

1 빵 2개를 만드는 데 밀가루 $\frac{1}{4}$ kg이 필요합니다. ☐ 안에 알맞은 수를 써넣어 밀가루 1 kg으로 만들 수 있는 빵의 개수를 구해 보세요.

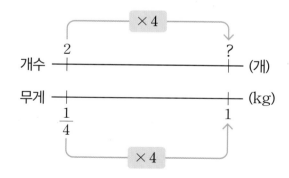

$2 \div \frac{1}{4} = 2 \times \boxed{} = \boxed{}$ (개)

개념 확인

2 ☐ 안에 알맞은 수를 써넣으세요.

(1) $6 \div \frac{1}{5} = 6 \times \boxed{} = \boxed{}$

(2) $7 \div \frac{1}{9} = \boxed{} \times \boxed{} = \boxed{}$

사과 $\frac{2}{3}$ 상자가 6 kg일 때 사과 1상자는 몇 kg일까요?

방법 ① 그림을 이용하여 계산하기

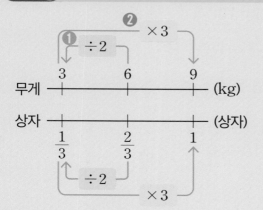

❶ $\frac{1}{3}$ 상자의 무게는 $\frac{2}{3}$ 상자의 무게인

6 kg을 2로 나눈 것과 같습니다.

➡ $6 \div 2 = 3$ (kg)

❷ 1상자의 무게는 $\frac{1}{3}$ 상자의 무게인

3 kg을 3배 한 것과 같습니다.

➡ $3 \times 3 = 9$ (kg)

스마트 학습

방법 ② 나눗셈을 곱셈으로 나타내어 계산하기

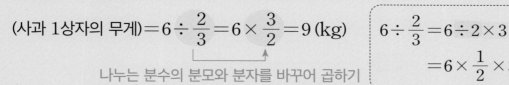

(사과 1상자의 무게) $= 6 \div \frac{2}{3} = 6 \times \frac{3}{2} = 9$ (kg)

나누는 분수의 분모와 분자를 바꾸어 곱하기

$6 \div \frac{2}{3} = 6 \div 2 \times 3$
$= 6 \times \frac{1}{2} \times 3 = 6 \times \frac{3}{2}$ 이야.

개념 확인

3 친구들이 감자 6 kg을 캐는 데 $\frac{3}{5}$ 시간이 걸렸습니다. ☐ 안에 알맞은 수를 써넣어

친구들이 1시간 동안 캘 수 있는 감자의 무게를 구해 보세요.

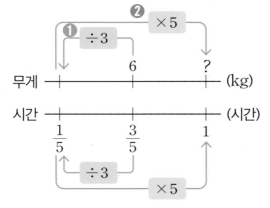

❶ $\left(\frac{1}{5} \text{시간 동안 캘 수 있는 감자의 무게} \right)$

$= 6 \div \boxed{} = \boxed{}$ (kg)

❷ (1시간 동안 캘 수 있는 감자의 무게)

$= \boxed{} \times \boxed{} = \boxed{}$ (kg)

개념 확인

4 ☐ 안에 알맞은 수를 써넣으세요.

$3 \div \frac{5}{7} = 3 \div 5 \times \boxed{} = 3 \times \frac{\boxed{}}{\boxed{}} \times \boxed{} = 3 \times \frac{\boxed{}}{\boxed{}} = \frac{\boxed{}}{\boxed{}} = \boxed{}\frac{\boxed{}}{\boxed{}}$

1 보기와 같이 계산해 보세요.

> **보기**
>
> $$2 \div \frac{1}{5} = 2 \times 5 = 10$$

(1) $3 \div \frac{1}{4}$ _____

(2) $5 \div \frac{1}{6}$ _____

(3) $7 \div \frac{1}{8}$ _____

(4) $10 \div \frac{1}{3}$ _____

2 보기와 같이 계산해 보세요.

> **보기**
>
> $$2 \div \frac{2}{5} = 2 \times \frac{\overset{1}{5}}{\underset{1}{2}} = 5$$

(1) $3 \div \frac{3}{5}$ _____

(2) $4 \div \frac{8}{9}$ _____

(3) $9 \div \frac{3}{7}$ _____

(4) $10 \div \frac{12}{13}$ _____

3 계산해 보세요.

(1) $2 \div \frac{1}{9}$

(2) $11 \div \frac{1}{4}$

(3) $6 \div \frac{6}{7}$

(4) $10 \div \frac{4}{5}$

(5) $4 \div \frac{10}{17}$

(6) $15 \div \frac{12}{13}$

4 빈칸에 알맞은 수를 써넣으세요.

$$\div$$

9	$\dfrac{1}{7}$	
12	$\dfrac{4}{11}$	

5 관계있는 것끼리 이어 보세요.

$2 \div \dfrac{2}{5}$ ·   · $3 \times \dfrac{8}{5}$ ·   · 14

$6 \div \dfrac{3}{7}$ ·   · $6 \times \dfrac{7}{3}$ ·   · $4\dfrac{4}{5}$

$3 \div \dfrac{5}{8}$ ·   · $2 \times \dfrac{5}{2}$ ·   · 5

6 계산 결과를 비교하여 ○ 안에 >, =, <를 알맞게 써넣으세요.

$$4 \div \dfrac{2}{11} \quad \bigcirc \quad 6 \div \dfrac{18}{23}$$

7 감자 24 kg을 한 봉지에 $\dfrac{8}{9}$ kg씩 나누어 담으려고 합니다. 몇 봉지에 나누어 담을 수 있나요?

 식

 답 　　　　　　　봉지

$\frac{6}{7}$ km를 가는 데 $\frac{3}{4}$ 시간이 걸릴 때 1시간 동안 갈 수 있는 거리는 몇 km일까요?

스마트 학습

방법 ① 그림을 이용하여 계산하기

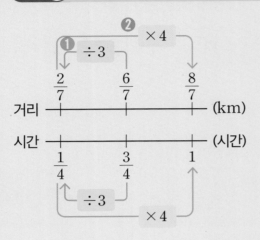

❶ $\frac{1}{4}$ 시간 동안 갈 수 있는 거리는

$\frac{3}{4}$ 시간 동안 갈 수 있는 거리인

$\frac{6}{7}$ km를 3으로 나눈 것과 같습니다.

➡ $\frac{6}{7} \div 3 = \frac{2}{7}$ (km)

❷ 1시간 동안 갈 수 있는 거리는

$\frac{1}{4}$ 시간 동안 갈 수 있는 거리인

$\frac{2}{7}$ km를 4배 한 것과 같습니다.

➡ $\frac{2}{7} \times 4 = \frac{8}{7} = 1\frac{1}{7}$ (km)

개념 확인

1 지호가 $\frac{4}{5}$ km를 걷는 데 $\frac{2}{3}$ 시간이 걸렸습니다. ☐ 안에 알맞은 수를 써넣어 지호가 1시간 동안 걸을 수 있는 거리를 구해 보세요.

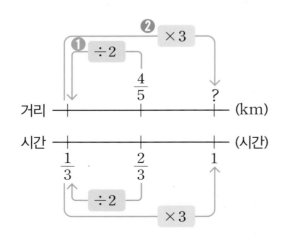

❶ $\left(\frac{1}{3} \text{시간 동안 걸을 수 있는 거리} \right)$

$= \frac{4}{5} \div \boxed{} = \frac{\boxed{}}{\boxed{}}$ (km)

❷ (1시간 동안 걸을 수 있는 거리)

$= \frac{\boxed{}}{\boxed{}} \times \boxed{} = \frac{\boxed{}}{\boxed{}}$

$= \boxed{} \frac{\boxed{}}{\boxed{}}$ (km)

$$(\text{1시간 동안 갈 수 있는 거리}) = \frac{6}{7} \div \frac{3}{4} = \frac{6}{7} \times \frac{\overset{2}{4}}{\underset{1}{3}} = \frac{8}{7} = 1\frac{1}{7} \text{ (km)}$$

나누는 분수의 분모와 분자를
바꾸어 곱하기

$$\frac{6}{7} \div \frac{3}{4} = \frac{6}{7} \div 3 \times 4$$
$$= \frac{6}{7} \times \frac{1}{3} \times 4 = \frac{6}{7} \times \frac{4}{3} \text{야.}$$

개념 확인

2 ☐ 안에 알맞은 수를 써넣으세요.

(1) $\dfrac{3}{5} \div \dfrac{2}{3} = \dfrac{3}{5} \times \dfrac{\boxed{}}{\boxed{}} = \dfrac{\boxed{}}{\boxed{}}$

(2) $\dfrac{3}{4} \div \dfrac{5}{7} = \dfrac{3}{4} \times \dfrac{\boxed{}}{\boxed{}} = \dfrac{\boxed{}}{\boxed{}} = \boxed{}\dfrac{\boxed{}}{\boxed{}}$

(3) $\dfrac{7}{12} \div \dfrac{2}{5} = \dfrac{7}{12} \times \dfrac{\boxed{}}{\boxed{}} = \dfrac{\boxed{}}{\boxed{}} = \boxed{}\dfrac{\boxed{}}{\boxed{}}$

(4) $\dfrac{9}{10} \div \dfrac{1}{3} = \dfrac{9}{10} \times \dfrac{\boxed{}}{\boxed{}} = \dfrac{\boxed{}}{\boxed{}} = \boxed{}\dfrac{\boxed{}}{\boxed{}}$

1 나눗셈을 곱셈으로 바르게 나타낸 것을 찾아 ○표 하세요.

(1)

$$\frac{1}{2} \div \frac{2}{3}$$

↓

$$\frac{1}{2} \times \frac{3}{2}$$

(   )

$$2 \times \frac{2}{3}$$

(   )

(2)

$$\frac{3}{8} \div \frac{7}{9}$$

↓

$$\frac{8}{3} \times \frac{7}{9}$$

(   )

$$\frac{3}{8} \times \frac{9}{7}$$

(   )

2 보기와 같이 계산해 보세요.

보기

$$\frac{1}{8} \div \frac{3}{4} = \frac{1}{\overset{}{\underset{2}{8}}} \times \frac{\overset{1}{\cancel{4}}}{3} = \frac{1}{6}$$

(1) $\dfrac{1}{6} \div \dfrac{5}{8}$ _____

(2) $\dfrac{2}{9} \div \dfrac{4}{7}$ _____

3 빈칸에 알맞은 분수를 써넣으세요.

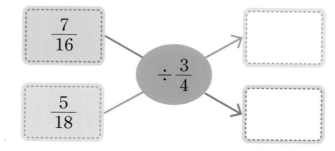

$$\frac{7}{16}$$

$$\frac{5}{18}$$

$$\div \frac{3}{4}$$

144

4 계산 결과를 찾아 이어 보세요.

$$\frac{1}{8} \div \frac{3}{10}$$

$$\frac{5}{9} \div \frac{5}{6}$$

$$\frac{14}{15} \div \frac{7}{12}$$

•　　　　　　　•　　　　　　　•

•　　　　　　　•　　　　　　　•

$$\frac{2}{3}$$

$$\frac{5}{12}$$

$$1\frac{3}{5}$$

5 ㉠, ㉡, ㉢에 알맞은 수의 합을 구해 보세요.

$$\frac{5}{11} \div \frac{9}{14} = \frac{5}{㉠} \times \frac{㉡}{9} = \frac{㉢}{99}$$

(　　　　　　　　　　)

6 계산 결과가 큰 것부터 차례로 ◯ 안에 1, 2, 3을 써넣으세요.

◯ $$\frac{2}{3} \div \frac{4}{5}$$

◯ $$\frac{11}{12} \div \frac{5}{6}$$

◯ $$\frac{5}{8} \div \frac{5}{7}$$

7 밀가루 $\frac{2}{15}$ kg으로 빵 한 개를 만든다면 밀가루 $\frac{4}{5}$ kg으로는 빵을 몇 개까지 만들 수 있나요?

식

답　　　　　　　　　개

34 일차   대분수의 나눗셈

$2\dfrac{1}{2} \div \dfrac{6}{7}$ 을 계산해 볼까요?

방법 ① 통분하여 계산하기

$$2\frac{1}{2} \div \frac{6}{7} = \frac{5}{2} \div \frac{6}{7} = \frac{35}{14} \div \frac{12}{14} = 35 \div 12 = \frac{35}{12} = 2\frac{11}{12}$$

통분하기

방법 ② 나눗셈을 곱셈으로 나타내어 계산하기

$$2\frac{1}{2} \div \frac{6}{7} = \frac{5}{2} \div \frac{6}{7} = \frac{5}{2} \times \frac{7}{6} = \frac{35}{12} = 2\frac{11}{12}$$

나누는 분수의 분모와 분자를
바꾸어 곱하기

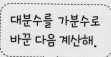

대분수를 가분수로
바꾼 다음 계산해.

스마트 학습

개념 확인

1 ☐ 안에 알맞은 수를 써넣으세요.

(1) $1\dfrac{2}{3} \div \dfrac{1}{2} = \dfrac{5}{3} \div \dfrac{1}{2} = \dfrac{10}{6} \div \dfrac{3}{6} = \boxed{} \div \boxed{} = \dfrac{\boxed{}}{\boxed{}} = \boxed{}\dfrac{\boxed{}}{\boxed{}}$

(2) $2\dfrac{3}{4} \div \dfrac{2}{5} = \dfrac{\boxed{}}{4} \div \dfrac{2}{5} = \dfrac{\boxed{}}{20} \div \dfrac{\boxed{}}{20}$

$= \boxed{} \div \boxed{} = \dfrac{\boxed{}}{\boxed{}} = \boxed{}\dfrac{\boxed{}}{\boxed{}}$

(3) $1\dfrac{4}{5} \div \dfrac{2}{3} = \dfrac{\boxed{}}{5} \div \dfrac{2}{3} = \dfrac{\boxed{}}{5} \times \dfrac{3}{2} = \dfrac{\boxed{}}{10} = \boxed{}\dfrac{\boxed{}}{10}$

(4) $2\dfrac{1}{3} \div \dfrac{3}{7} = \dfrac{\boxed{}}{3} \div \dfrac{3}{7} = \dfrac{\boxed{}}{3} \times \dfrac{\boxed{}}{\boxed{}} = \dfrac{\boxed{}}{\boxed{}} = \boxed{}\dfrac{\boxed{}}{\boxed{}}$

$3\dfrac{1}{3} \div 1\dfrac{2}{5}$ 를 계산해 볼까요?

방법① 통분하여 계산하기

$$3\dfrac{1}{3} \div 1\dfrac{2}{5} = \dfrac{10}{3} \div \dfrac{7}{5} = \dfrac{50}{15} \div \dfrac{21}{15} = 50 \div 21 = \dfrac{50}{21} = 2\dfrac{8}{21}$$

통분하기

스마트 학습

방법② 나눗셈을 곱셈으로 나타내어 계산하기

$$3\dfrac{1}{3} \div 1\dfrac{2}{5} = \dfrac{10}{3} \div \dfrac{7}{5} = \dfrac{10}{3} \times \dfrac{5}{7} = \dfrac{50}{21} = 2\dfrac{8}{21}$$

나누는 분수의 분모와 분자를
바꾸어 곱하기

개념 확인

2 ☐ 안에 알맞은 수를 써넣으세요.

(1) $1\dfrac{1}{6} \div 1\dfrac{1}{2} = \dfrac{7}{6} \div \dfrac{3}{2} = \dfrac{7}{6} \div \dfrac{9}{6} = \boxed{} \div \boxed{} = \dfrac{\boxed{}}{\boxed{}}$

(2) $3\dfrac{1}{4} \div 2\dfrac{1}{5} = \dfrac{\boxed{}}{4} \div \dfrac{\boxed{}}{5} = \dfrac{\boxed{}}{20} \div \dfrac{\boxed{}}{20}$

$= \boxed{} \div \boxed{} = \dfrac{\boxed{}}{\boxed{}} = \boxed{}\dfrac{\boxed{}}{\boxed{}}$

(3) $2\dfrac{2}{3} \div 2\dfrac{3}{5} = \dfrac{\boxed{}}{3} \div \dfrac{\boxed{}}{5} = \dfrac{\boxed{}}{3} \times \dfrac{5}{\boxed{}} = \dfrac{\boxed{}}{\boxed{}} = \boxed{}\dfrac{\boxed{}}{\boxed{}}$

(4) $3\dfrac{1}{2} \div 1\dfrac{3}{7} = \dfrac{\boxed{}}{2} \div \dfrac{\boxed{}}{7} = \dfrac{\boxed{}}{2} \times \dfrac{\boxed{}}{\boxed{}} = \dfrac{\boxed{}}{\boxed{}} = \boxed{}\dfrac{\boxed{}}{\boxed{}}$

1 보기와 같이 계산해 보세요.

> 보기
>
> $$2\frac{1}{2} \div 1\frac{1}{3} = \frac{5}{2} \div \frac{4}{3} = \frac{15}{6} \div \frac{8}{6} = 15 \div 8 = \frac{15}{8} = 1\frac{7}{8}$$

(1) $2\frac{1}{4} \div \frac{3}{8}$

(2) $1\frac{4}{7} \div 1\frac{3}{5}$

2 보기와 같이 계산해 보세요.

> 보기
>
> $$1\frac{2}{3} \div 1\frac{1}{6} = \frac{5}{3} \div \frac{7}{6} = \frac{5}{\underset{1}{3}} \times \frac{\overset{2}{6}}{7} = \frac{10}{7} = 1\frac{3}{7}$$

(1) $2\frac{1}{10} \div \frac{2}{5}$

(2) $1\frac{5}{6} \div 1\frac{7}{9}$

3 계산해 보세요.

(1) $1\frac{1}{8} \div \frac{3}{4}$

(2) $1\frac{1}{2} \div \frac{5}{6}$

(3) $2\frac{2}{7} \div \frac{6}{11}$

(4) $2\frac{1}{6} \div 4\frac{1}{2}$

(5) $2\frac{1}{12} \div 1\frac{3}{7}$

(6) $2\frac{7}{10} \div 2\frac{3}{5}$

4 빈칸에 큰 수를 작은 수로 나눈 몫을 써넣으세요.

(1)
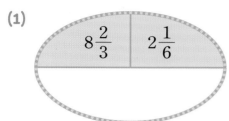
$8\frac{2}{3}$ | $2\frac{1}{6}$

(2)
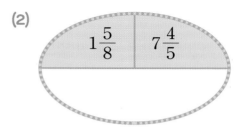
$1\frac{5}{8}$ | $7\frac{4}{5}$

5 잘못 계산한 친구의 이름을 써 보세요.

$3\frac{3}{7} \div \frac{6}{13} = 7\frac{3}{7}$

$1\frac{1}{3} \div 1\frac{1}{9} = 1\frac{1}{5}$

$5\frac{5}{6} \div 4\frac{3}{8} = 1\frac{1}{4}$

진아   수빈   성준

(   )

6 나눗셈의 몫이 1보다 작은 것의 기호를 써 보세요.

$\bigcirc\ 2\frac{2}{5} \div 2\frac{1}{4}$ $\bigcirc\ 3\frac{1}{8} \div 3\frac{1}{3}$ $\bigcirc\ 2\frac{1}{3} \div 1\frac{3}{4}$

(   )

7 자두가 $7\frac{1}{2}$ kg, 체리가 $4\frac{1}{5}$ kg 있습니다. 자두의 무게는 체리의 무게의 몇 배인가요?

식

답   배

마무리 하기

1 ☐ 안에 알맞은 수를 써넣으세요.

(1) $\dfrac{8}{11} \div \dfrac{4}{11} = \boxed{} \div \boxed{} = \boxed{}$

(2) $\dfrac{7}{9} \div \dfrac{5}{9} = \boxed{} \div \boxed{} = \dfrac{\boxed{}}{\boxed{}} = \boxed{}\dfrac{\boxed{}}{\boxed{}}$

2 빈칸에 알맞은 분수를 써넣으세요.

(1) $\dfrac{11}{12}$ $\div \dfrac{7}{12}$ ☐

(2) $\dfrac{4}{5}$ $\div \dfrac{5}{8}$ ☐

3 계산 결과가 같은 것을 모두 고르세요. ⋯⋯⋯⋯⋯⋯⋯⋯⋯⋯⋯⋯ ( )

① $\dfrac{4}{11} \div \dfrac{3}{22}$

② $\dfrac{6}{7} \div \dfrac{1}{9}$

③ $\dfrac{5}{6} \div \dfrac{13}{18}$

④ $\dfrac{9}{14} \div \dfrac{4}{7}$

⑤ $\dfrac{8}{15} \div \dfrac{1}{5}$

4 잘못 계산한 곳을 찾아 바르게 계산해 보세요.

$$3\frac{8}{9} \div \frac{14}{15} = 3\frac{\overset{4}{\cancel{8}}}{\underset{3}{\cancel{9}}} \times \frac{\overset{5}{\cancel{15}}}{\underset{7}{\cancel{14}}} = 3\frac{20}{21}$$

$3\frac{8}{9} \div \frac{14}{15}$ _____

5 빈칸에 알맞은 분수를 써넣으세요.

$$\boxed{\frac{3}{10}} \longrightarrow \left(\div \frac{7}{10}\right) \longrightarrow \boxed{} \longrightarrow \left(\div \frac{12}{19}\right) \longrightarrow \boxed{}$$

6 가장 큰 수를 가장 작은 수로 나눈 몫을 구해 보세요.

$$\frac{1}{4} \qquad \frac{1}{6} \qquad \frac{7}{8} \qquad \frac{1}{2}$$

(   )

7 계산 결과를 비교하여 ◯ 안에 >, =, <를 알맞게 써넣으세요.

$$2 \div \frac{7}{12} \qquad \bigcirc \qquad 3 \div \frac{5}{6}$$

8 수 카드 1 , 5 , 9 를 ☐ 안에 한 번씩만 넣어 가장 작은 대분수를 만들었을 때 나눗셈의 몫을 구해 보세요.

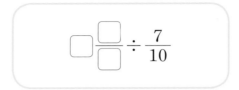

(   )

9 넓이가 $3\frac{3}{4}$ cm²인 평행사변형이 있습니다. 이 평행사변형의 높이가 $1\frac{1}{2}$ cm 일 때 밑변의 길이는 몇 cm인가요?

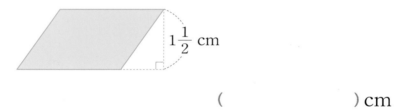

$1\frac{1}{2}$ cm

(   ) cm

10 수지와 정수가 설명하는 ☐에 알맞은 분수를 구해 보세요.

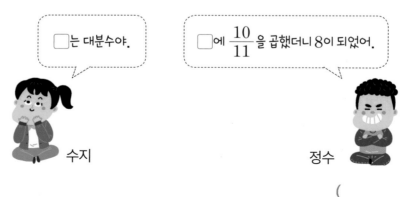

☐는 대분수야.

☐에 $\frac{10}{11}$ 을 곱했더니 8이 되었어.

수지   정수

(   )

11 ☐ 안에 들어갈 수 있는 자연수는 모두 몇 개인지 구해 보세요.

$$\frac{17}{18} \div \frac{3}{10} < \boxed{} < \frac{12}{17} \div \frac{2}{17}$$

(   )개

12 지효는 동화책의 $\frac{4}{9}$ 를 읽는 데 $\frac{2}{3}$ 시간이 걸렸습니다. 같은 빠르기로 이 동화책 전체를 읽는 데 걸리는 시간은 몇 시간 몇 분인가요?

☐ 시간 ☐ 분

빠른
개념 찾기
틀린 문제는 개념을
다시 확인해 보세요.

35일차
정답 확인

개념	문제 번호
30일차 분모가 같은 (분수)÷(분수)	1, 2(1)
31일차 분모가 다른 (분수)÷(분수)	2(2), 3
32일차 (자연수)÷(분수)	7, 10
33일차 (분수)÷(분수) _분수의 곱셈으로 나타내어 계산	5, 6, 11, 12
34일차 대분수의 나눗셈	4, 8, 9

문장제 해결력 강화

문제
해결의
길잡이

문해길 시리즈는

문장제 해결력을 키우는 상위권 수학 학습서입니다.

문해길은 8가지 문제 해결 전략을 익히며

수학 사고력을 향상하고,

수학적 성취감을 맛보게 합니다.

이런 성취감을 맛본 아이는

수학에 자신감을 갖습니다.

수학의 자신감, 문해길로 이루세요.

문해길 원리를 공부하고, 문해길 심화에 도전해 보세요!

원리로 닦은 실력이 심화에서 빛이 납니다.

문해길 원리

문장제 해결력 강화

1~6학년 학기별 [총12책]

문해길 심화

고난도 유형 해결력 완성

1~6학년 학년별 [총6책]

구성보기

원리 3-1   심화 3

미래엔 초등 도서 목록

초등 교과서 발행사 미래엔의 교재로 초등 시기에 길러야 하는 공부력을 강화해 주세요.

초코

초등 공부의 핵심[CORE]를 탄탄하게 해 주는
슬림 & 심플한 교과 필수 학습서
[8책] 국어 3~6학년 학기별, [12책] 수학 1~6학년 학기별
[8책] 사회 3~6학년 학기별, [8책] 과학 3~6학년 학기별

문제 해결의 길잡이

원리 8가지 문제 해결 전략으로 문장제와 서술형 문제 정복
[12책] 1~6학년 학기별

심화 문장제 유형 정복으로 초등 수학 최고 수준에 도전
[6책] 1~6학년 학년별

 퍼즐런

초등 필수 어휘를 퍼즐로 재미있게 키우는 학습서
[3책] 사자성어, 속담, 맞춤법

하루한장 예비 초등

한글완성
초등학교 입학 전 한글 읽기·쓰기 동시에 끝내기
[3책] 1. 기본 자모음, 2. 받침, 3. 복잡한 자모음

예비초등
기본 학습 능력을 향상하며 초등학교 입학을 준비하기
[4책] 국어, 수학, 통합교과, 학교생활

하루한장 독해

독해 시작편
초등학교 입학 전 기본 문해력 익히기 30일 완성
[2책] 문장으로 시작하기, 짧은 글 독해하기

어휘
문해력의 기초를 다지는 초등 필수 어휘 학습서
[6책] 1~6단계

독해
국어 교과서와 연계하여 문해력의 기초를 다지는 독해 기본서
[6책] 1~6단계

독해➕플러스
본격적인 독해 훈련으로 문해력을 향상시키는 독해 실전서
[6책] 1~6단계

비문학 독해 (사회편·과학편)
비문학 독해로 배경지식을 확장하고 문해력을 완성시키는
독해 심화서
[사회편 6책, 과학편 6책] 1~6단계

하루 한장 쏙셈 분수

2권

바른답·알찬풀이

Mirae N 에듀

분수 1권, 2권   소수 1권, 2권

• 초등 3~6학년 분수·소수의 개념과 연산 원리를 집중 훈련
• 스마트 학습으로 직접 조작하며 원리를 쉽게 이해하고 활용

하루한장 쏙셈 분수

2권

바른답·알찬풀이

1장 약수와 배수, 약분과 통분

2장 분수의 덧셈과 뺄셈

3장 분수의 곱셈

4장 분수의 나눗셈

개념 확인
8~9쪽

> **1** 1, 5
>
> **2** 1, 3, 9
>
> **3** 2, 10 / 3, 15
>
> **4** 2, 12 / 3, 18 / 4, 24

1 5를 나누어떨어지게 하는 수는 1, 5이므로 5의 약수는 1, 5입니다.

2 9를 나누어떨어지게 하는 수는 1, 3, 9이므로 9의 약수는 1, 3, 9입니다.

기본 다지기
10~11쪽

> **1** 1, 2, 3 / 6, 9, 18 / 1, 2, 3, 6, 9, 18
>
> **2** 28, 42, 49
>
> **3** 배수에 ○표 / 약수에 ○표
>
> **4** (1) 1, 3, 5, 15
>   (2) 1, 2, 3, 4, 6, 8, 12, 24
>   (3) 1, 2, 3, 4, 6, 9, 12, 18, 36
>
> **5** (1) 4, 8, 12, 16, 20
>   (2) 11, 22, 33, 44, 55
>   (3) 20, 40, 60, 80, 100
>
> **6** (　　)(　○　)(　　)
>   (　　)(　○　)(　○　)
>
> **7** 42
>
> **8** 가지

1 $18 \div 1 = 18$, $18 \div 2 = 9$, $18 \div 3 = 6$,
$18 \div 6 = 3$, $18 \div 9 = 2$, $18 \div 18 = 1$
→ 18의 약수: 1, 2, 3, 6, 9, 18

2 $7 \times 3 = 21$, $7 \times 4 = 28$, $7 \times 5 = 35$,
$7 \times 6 = 42$, $7 \times 7 = 49$, $7 \times 8 = 56$이므로
7의 배수를 모두 찾으면 28, 42, 49입니다.

3 48은 6과 8의 배수이고, 6과 8은 48의 약수입니다.

4 (1) $15 \div 1 = 15$, $15 \div 3 = 5$, $15 \div 5 = 3$,
$15 \div 15 = 1$
→ 15의 약수: 1, 3, 5, 15
(2) $24 \div 1 = 24$, $24 \div 2 = 12$, $24 \div 3 = 8$,
$24 \div 4 = 6$, $24 \div 6 = 4$, $24 \div 8 = 3$,
$24 \div 12 = 2$, $24 \div 24 = 1$
→ 24의 약수: 1, 2, 3, 4, 6, 8, 12, 24
(3) $36 \div 1 = 36$, $36 \div 2 = 18$, $36 \div 3 = 12$,
$36 \div 4 = 9$, $36 \div 6 = 6$, $36 \div 9 = 4$,
$36 \div 12 = 3$, $36 \div 18 = 2$, $36 \div 36 = 1$
→ 36의 약수: 1, 2, 3, 4, 6, 9, 12, 18, 36

5 (1) 4의 배수: $4 \times 1 = 4$, $4 \times 2 = 8$,
$4 \times 3 = 12$, $4 \times 4 = 16$,
$4 \times 5 = 20$, ...
(2) 11의 배수: $11 \times 1 = 11$, $11 \times 2 = 22$,
$11 \times 3 = 33$, $11 \times 4 = 44$,
$11 \times 5 = 55$, ...
(3) 20의 배수: $20 \times 1 = 20$, $20 \times 2 = 40$,
$20 \times 3 = 60$, $20 \times 4 = 80$,
$20 \times 5 = 100$, ...

6 $4 \times 15 = \underline{60}$, $17 \times 3 = \underline{51}$, $18 \times 5 = \underline{90}$

7 •25의 약수: 1, 5, 25 → 3개
•42의 약수: 1, 2, 3, 6, 7, 14, 21, 42
→ 8개
•75의 약수: 1, 3, 5, 15, 25, 75 → 6개
따라서 8>6>3이므로 약수가 가장 많은 수는 42입니다.

8 $9 \times 6 = 54$이므로 9의 배수만큼 있는 채소는 가지입니다.

개념 확인 12~13쪽

1 (1) 1, 3 / 3　　　　(2) 1, 7 / 7
　(3) 1, 2, 5, 10 / 10
　(4) 1, 2, 4 / 4

2 (1) 2, 2, 4　　　　(2) 2, 2, 3, 12
　(3) 2, 2, 4　　　　(4) 3, 5, 15

기본 다지기 14~15쪽

1 1, 2, 4, 8 / 1, 2, 3, 4, 6, 12 /
　1, 2, 4 / 4

2 (1) 2 / 5 / 4　　　　(2) 5 / 11 / 6
　(3) 3 / 13 / 4　　　　(4) 7 / 7 / 14

3 (1) 11$\overline{)11\ \ 33}$ / 11
　　　　$1\ \ \ 3$

　(2) 예 $2\overline{)24\ \ 56}$ / 8
　　　 $2\overline{)12\ \ 28}$
　　　 $2\overline{)\ \ 6\ \ 14}$
　　　　$3\ \ \ 7$

　(3) 예 $2\overline{)42\ \ 56}$ / 14
　　　 $7\overline{)21\ \ 28}$
　　　　$3\ \ \ 4$

　(4) 예 $2\overline{)54\ \ 72}$ / 18
　　　 $3\overline{)27\ \ 36}$
　　　 $3\overline{)\ \ 9\ \ 12}$
　　　　$3\ \ \ 4$

4 ④　　　　　　　5 ©

6 (1) 1, 7
　(2) 1, 2, 3, 6, 9, 18

7 6

1 • $1 \times 8 = 8$, $2 \times 4 = 8$
　➡ 8의 약수: 1, 2, 4, 8
　• $1 \times 12 = 12$, $2 \times 6 = 12$, $3 \times 4 = 12$
　➡ 12의 약수: 1, 2, 3, 4, 6, 12
　8과 12의 공약수는 1, 2, 4이고 이 중에서 가
　장 큰 수인 4가 최대공약수입니다.

2 (1) 최대공약수: $2 \times 2 = 4$
　(2) 최대공약수: $2 \times 3 = 6$
　(3) 최대공약수: $2 \times 2 = 4$
　(4) 최대공약수: $2 \times 7 = 14$

3 (1) 최대공약수: 11
　(2) 최대공약수: $2 \times 2 \times 2 = 8$
　(3) 최대공약수: $2 \times 7 = 14$
　(4) 최대공약수: $2 \times 3 \times 3 = 18$

4 50의 약수: 1, 2, 5, 10, 25, 50
　90의 약수: 1, 2, 3, 5, 6, 9, 10, 15, 18,
　　　　　　 30, 45, 90
　➡ 50과 90의 공약수: 1, 2, 5, 10
　따라서 50과 90의 공약수가 아닌 것은 ④입
　니다.

5 ㉠ $5\overline{)25\ \ 40}$
　　　$5\ \ \ 8$
　　➡ 최대공약수: 5

　㉡ $3\overline{)63\ \ 27}$
　　 $3\overline{)21\ \ \ 9}$
　　　$7\ \ \ 3$
　　➡ 최대공약수: $3 \times 3 = 9$

　㉢ $2\overline{)32\ \ 48}$
　　 $2\overline{)16\ \ 24}$
　　 $2\overline{)\ \ 8\ \ 12}$
　　 $2\overline{)\ \ 4\ \ \ 6}$
　　　$2\ \ \ 3$
　　➡ 최대공약수: $2 \times 2 \times 2 \times 2 = 16$
　따라서 $16 > 9 > 5$이므로 두 수의 최대공약수
　가 가장 큰 것은 ㉢입니다.

6 두 수의 공약수는 두 수의 최대공약수의 약수
　와 같습니다.
　(1) 두 수의 공약수는 두 수의 최대공약수인 7
　　 의 약수이므로 1, 7입니다.
　(2) 두 수의 공약수는 두 수의 최대공약수인 18
　　 의 약수이므로 1, 2, 3, 6, 9, 18입니다.

7 $2\overline{)12\ \ 18}$
　$3\overline{)\ \ 6\ \ \ 9}$
　　$2\ \ \ 3$
　➡ 최대공약수: $2 \times 3 = 6$
　따라서 최대 6명에게 나누어 줄 수 있습니다.

개념 확인   16~17쪽

1 **(1)** 20, 40 / 20
   (2) 18, 36, 54 / 18

2 **(1)** 3, 7, 42   **(2)** 2, 3, 84
   (3) 3, 2, 3, 36   **(4)** 5, 2, 3, 90

기본 다지기   18~19쪽

1 3, 6, 9, 12, 15, 18, 21, 24, 27, 30 /
   5, 10, 15, 20, 25, 30, 35, 40, 45, 50
   / 15, 30 / 15

2 **(1)** 3 / 2 / 24   **(2)** 3 / 5 / 45
   (3) 5 / 5 / 60   **(4)** 3 / 3 / 72

3 **(1)** 2) 10 12 / 60
        $\overline{\ 5\ \ 6}$

   (2) 7) 21 28 / 84
        $\overline{\ 3\ \ 4}$

   (3) 예 2) 16 36 / 144
        2) 8 18
        $\overline{\ 4\ \ 9}$

   (4) 예 2) 42 60 / 420
        3) 21 30
        $\overline{\ 7\ \ 10}$

4 44

5 성훈

6 (○) (   ) (   )

7 12

1 3과 5의 공배수 중 가장 작은 수인 15가 최소
   공배수입니다.

2 **(1)** 최소공배수: $2 \times 3 \times 2 \times 2 = 24$
   (2) 최소공배수: $3 \times 3 \times 5 = 45$
   (3) 최소공배수: $2 \times 5 \times 2 \times 3 = 60$
   (4) 최소공배수: $2 \times 3 \times 3 \times 2 \times 2 = 72$

3 **(1)** 최소공배수: $2 \times 5 \times 6 = 60$
   (2) 최소공배수: $7 \times 3 \times 4 = 84$
   (3) 최소공배수: $2 \times 2 \times 4 \times 9 = 144$
   (4) 최소공배수: $2 \times 3 \times 7 \times 10 = 420$

4 두 수의 공배수는 두 수의 최소공배수인 6의
   배수와 같으므로 6, 12, 18, 24, 30, 36,
   42, 48, 54, 60, ...입니다.
   따라서 두 수의 공배수가 아닌 것은 44입니다.

5 지혜: 13) 52 39
        $\overline{\ 4\ \ 3}$

   ➜ 최소공배수: $13 \times 4 \times 3 = 156$

   성훈: 2) 40 16
        2) 20 8
        2) 10 4
        $\overline{\ 5\ \ 2}$

   ➜ 최소공배수: $2 \times 2 \times 2 \times 5 \times 2 = 80$

   따라서 최소공배수를 잘못 구한 친구는 성훈이
   입니다.

6 · 2) 32 24
      2) 16 12
      2) 8 6
      $\overline{\ 4\ \ 3}$

   ➜ 최소공배수: $2 \times 2 \times 2 \times 4 \times 3 = 96$

   · 2) 54 72
      3) 27 36
      3) 9 12
      $\overline{\ 3\ \ 4}$

   ➜ 최소공배수: $2 \times 3 \times 3 \times 3 \times 4 = 216$

   · 3) 45 90
      3) 15 30
      5) 5 10
      $\overline{\ 1\ \ 2}$

   ➜ 최소공배수: $3 \times 3 \times 5 \times 1 \times 2 = 90$

   따라서 두 수의 최소공배수가 100에 가장 가
   까운 것은 96입니다.

7 3과 4의 최소공배수는 12이므로 다음번에 두
   사람이 함께 줄넘기를 하는 날은 12일 후입니다.

04 일차

1 예

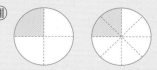

같으므로에 ○표 / 같은에 ○표

2 예

$$
\begin{array}{c} 0 \qquad\qquad\qquad 1 \\[4pt] 0 \qquad\qquad\qquad 1 \end{array}
$$

같으므로에 ○표 / 같은에 ○표

3 (1) $\dfrac{1}{2}=\dfrac{1\times 2}{2\times 2}=\dfrac{1\times 3}{2\times 3}$

  (2) $\dfrac{6}{18}=\dfrac{6\div 2}{18\div 2}=\dfrac{6\div 3}{18\div 3}$

1 (1) 예

$\dfrac{1}{3}$, $\dfrac{3}{9}$

(2) 예

$\dfrac{3}{5}$, $\dfrac{6}{10}$

2 예

$$
\begin{array}{c} 0 \qquad\qquad\qquad 1 \\[4pt] 0 \qquad\qquad\qquad 1 \\[4pt] 0 \qquad\qquad\qquad 1 \end{array}
$$

$\dfrac{9}{12}$, $\dfrac{3}{4}$

3 (1) (왼쪽에서부터) 4, 9, 8

  (2) (왼쪽에서부터) 16, 2, 4

4 (1) $\dfrac{2}{10}$, $\dfrac{3}{15}$, $\dfrac{4}{20}$ (2) $\dfrac{4}{14}$, $\dfrac{6}{21}$, $\dfrac{8}{28}$

5 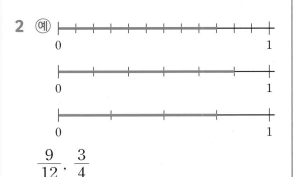   6 ㉢

                 7 민재, 은지

1 (1) $\dfrac{1}{3}$과 $\dfrac{3}{9}$이 색칠한 부분의 크기가 같으므로 크기가 같은 분수입니다.

  (2) $\dfrac{3}{5}$과 $\dfrac{6}{10}$이 색칠한 부분의 크기가 같으므로 크기가 같은 분수입니다.

2 $\dfrac{9}{12}$와 $\dfrac{3}{4}$이 수직선에 표시한 부분의 크기가 같으므로 크기가 같은 분수입니다.

3 (1) $\dfrac{2}{3}=\dfrac{2\times 2}{3\times 2}=\dfrac{2\times 3}{3\times 3}=\dfrac{2\times 4}{3\times 4}$

  (2) $\dfrac{8}{32}=\dfrac{8\div 2}{32\div 2}=\dfrac{8\div 4}{32\div 4}=\dfrac{8\div 8}{32\div 8}$

4 (1) $\dfrac{1}{5}=\dfrac{1\times 2}{5\times 2}=\dfrac{2}{10}$, $\dfrac{1}{5}=\dfrac{1\times 3}{5\times 3}=\dfrac{3}{15}$,

     $\dfrac{1}{5}=\dfrac{1\times 4}{5\times 4}=\dfrac{4}{20}$

  (2) $\dfrac{2}{7}=\dfrac{2\times 2}{7\times 2}=\dfrac{4}{14}$, $\dfrac{2}{7}=\dfrac{2\times 3}{7\times 3}=\dfrac{6}{21}$,

     $\dfrac{2}{7}=\dfrac{2\times 4}{7\times 4}=\dfrac{8}{28}$

5 ・$\dfrac{15}{24}=\dfrac{15\div 3}{24\div 3}=\dfrac{5}{8}$ ・$\dfrac{21}{28}=\dfrac{21\div 7}{28\div 7}=\dfrac{3}{4}$

  ・$\dfrac{8}{36}=\dfrac{8\div 4}{36\div 4}=\dfrac{2}{9}$

6 ㉠ $\dfrac{12}{40}=\dfrac{12\div 4}{40\div 4}=\dfrac{3}{10}$

  ㉡ $\dfrac{5}{27}=\dfrac{5\times 3}{27\times 3}=\dfrac{15}{81}$

  ㉢ $\dfrac{42}{56}=\dfrac{42\div 7}{56\div 7}=\dfrac{6}{8}$

  따라서 크기가 같은 분수끼리 짝 지어지지 않은 것은 ㉢입니다.

7 $\dfrac{5}{6}=\dfrac{5\times 6}{6\times 6}=\dfrac{30}{36}$이므로 같은 양의 우유를 마신 두 친구는 민재와 은지입니다.

개념 확인 24~25쪽

1 (1) 3, 9

(2) $\dfrac{18}{27} = \dfrac{18 \div 3}{27 \div 3} = \dfrac{6}{9}$,

$\dfrac{18}{27} = \dfrac{18 \div 9}{27 \div 9} = \dfrac{2}{3}$

2 (1) $\dfrac{15}{25} = \dfrac{15 \div 5}{25 \div 5} = \dfrac{3}{5}$

(2) $\dfrac{42}{60} = \dfrac{42 \div 6}{60 \div 6} = \dfrac{7}{10}$

3 (1) $\left(\dfrac{1}{3}, \dfrac{4}{9} \right) \rightarrow \left(\dfrac{1 \times 9}{3 \times 9}, \dfrac{4 \times 3}{9 \times 3} \right)$

$\rightarrow \left(\dfrac{9}{27}, \dfrac{12}{27} \right)$

(2) $\left(\dfrac{1}{3}, \dfrac{4}{9} \right) \rightarrow \left(\dfrac{1 \times 3}{3 \times 3}, \dfrac{4}{9} \right)$

$\rightarrow \left(\dfrac{3}{9}, \dfrac{4}{9} \right)$

기본 다지기 26~27쪽

1 (1) $\dfrac{9}{12}$, $\dfrac{3}{4}$ (2) $\dfrac{10}{15}$, $\dfrac{4}{6}$, $\dfrac{2}{3}$

2 (1) $\dfrac{4}{7}$ (2) $\dfrac{3}{8}$

3 (1) $\dfrac{8}{12}$, $\dfrac{3}{12}$ (2) $\dfrac{21}{35}$, $\dfrac{10}{35}$

(3) $\dfrac{35}{56}$, $\dfrac{32}{56}$ (4) $\dfrac{50}{90}$, $\dfrac{27}{90}$

4 (1) $\dfrac{21}{24}$, $\dfrac{20}{24}$ (2) $\dfrac{15}{20}$, $\dfrac{18}{20}$

(3) $\dfrac{25}{60}$, $\dfrac{16}{60}$ (4) $\dfrac{10}{60}$, $\dfrac{33}{60}$

5 12, 6, 18에 ○표

6 (1) 1, 3, 5, 7 (2) 1, 5, 7, 11

7 (1) 3, 9 (2) 7, 12

8 $\dfrac{2}{5}$

1 (1) 36과 27의 공약수: 1, 3, 9

$\rightarrow \dfrac{27}{36} = \dfrac{27 \div 3}{36 \div 3} = \dfrac{9}{12}$,

$\dfrac{27}{36} = \dfrac{27 \div 9}{36 \div 9} = \dfrac{3}{4}$

(2) 30과 20의 공약수: 1, 2, 5, 10

$\rightarrow \dfrac{20}{30} = \dfrac{20 \div 2}{30 \div 2} = \dfrac{10}{15}$,

$\dfrac{20}{30} = \dfrac{20 \div 5}{30 \div 5} = \dfrac{4}{6}$,

$\dfrac{20}{30} = \dfrac{20 \div 10}{30 \div 10} = \dfrac{2}{3}$

2 (1) 28과 16의 최대공약수: 4

$\rightarrow \dfrac{16}{28} = \dfrac{16 \div 4}{28 \div 4} = \dfrac{4}{7}$

(2) 48과 18의 최대공약수: 6

$\rightarrow \dfrac{18}{48} = \dfrac{18 \div 6}{48 \div 6} = \dfrac{3}{8}$

참고 분모와 분자를 각각 분모와 분자의 최대공약수로 나누면 기약분수가 됩니다.

3 (1) $\left(\dfrac{2}{3}, \dfrac{1}{4} \right) \rightarrow \left(\dfrac{2 \times 4}{3 \times 4}, \dfrac{1 \times 3}{4 \times 3} \right)$

$\rightarrow \left(\dfrac{8}{12}, \dfrac{3}{12} \right)$

(2) $\left(\dfrac{3}{5}, \dfrac{2}{7} \right) \rightarrow \left(\dfrac{3 \times 7}{5 \times 7}, \dfrac{2 \times 5}{7 \times 5} \right)$

$\rightarrow \left(\dfrac{21}{35}, \dfrac{10}{35} \right)$

(3) $\left(\dfrac{5}{8}, \dfrac{4}{7} \right) \rightarrow \left(\dfrac{5 \times 7}{8 \times 7}, \dfrac{4 \times 8}{7 \times 8} \right)$

$\rightarrow \left(\dfrac{35}{56}, \dfrac{32}{56} \right)$

(4) $\left(\dfrac{5}{9}, \dfrac{3}{10} \right) \rightarrow \left(\dfrac{5 \times 10}{9 \times 10}, \dfrac{3 \times 9}{10 \times 9} \right)$

$\rightarrow \left(\dfrac{50}{90}, \dfrac{27}{90} \right)$

4 (1) 8과 6의 최소공배수: 24

$\left(\dfrac{7}{8}, \dfrac{5}{6} \right) \rightarrow \left(\dfrac{7 \times 3}{8 \times 3}, \dfrac{5 \times 4}{6 \times 4} \right)$

$\rightarrow \left(\dfrac{21}{24}, \dfrac{20}{24} \right)$

(2) 4와 10의 최소공배수: 20

$$\left(\frac{3}{4},\ \frac{9}{10}\right) \rightarrow \left(\frac{3\times5}{4\times5},\ \frac{9\times2}{10\times2}\right)$$

$$\rightarrow \left(\frac{15}{20},\ \frac{18}{20}\right)$$

(3) 12와 15의 최소공배수: 60

$$\left(\frac{5}{12},\ \frac{4}{15}\right) \rightarrow \left(\frac{5\times5}{12\times5},\ \frac{4\times4}{15\times4}\right)$$

$$\rightarrow \left(\frac{25}{60},\ \frac{16}{60}\right)$$

(4) 6과 20의 최소공배수: 60

$$\left(\frac{1}{6},\ \frac{11}{20}\right) \rightarrow \left(\frac{1\times10}{6\times10},\ \frac{11\times3}{20\times3}\right)$$

$$\rightarrow \left(\frac{10}{60},\ \frac{33}{60}\right)$$

5 두 분모 3과 6의 최소공배수는 6이므로 공통
분모가 될 수 있는 수는 6의 배수입니다.
→ 6, 12, 18, 24, 30, ...

6 **(1)** $\frac{\square}{8}$가 진분수이므로 □ 안에는 1부터 7까
지의 수가 들어갈 수 있고 분모 8과 공약수
가 1뿐인 수는 1, 3, 5, 7이므로 □ 안에
들어갈 수 있는 수는 1, 3, 5, 7입니다.

(2) $\frac{\square}{12}$가 진분수이므로 □ 안에는 1부터 11까
지의 수가 들어갈 수 있고 분모 12와 공약수
가 1뿐인 수는 1, 5, 7, 11이므로 □ 안에
들어갈 수 있는 수는 1, 5, 7, 11입니다.

참고 분모와 분자의 공약수가 1뿐인 분수를 기약
분수라고 합니다.

7 **(1)** • $\frac{\square}{4} = \frac{\square\times9}{4\times9} = \frac{27}{36}$

→ $\square\times9 = 27$, $\square = 3$

• $\frac{4}{\square} = \frac{4\times4}{\square\times4} = \frac{16}{36}$

→ $\square\times4 = 36$, $\square = 9$

(2) • $\frac{\square}{8} = \frac{\square\times3}{8\times3} = \frac{21}{24}$

→ $\square\times3 = 21$, $\square = 7$

• $\frac{5}{\square} = \frac{5\times2}{\square\times2} = \frac{10}{24}$

→ $\square\times2 = 24$, $\square = 12$

8 진영이가 사용한 딸기는 전체의 $\frac{12}{30}$입니다.

30과 12의 최대공약수: 6

→ $\frac{12}{30} = \frac{12\div6}{30\div6} = \frac{2}{5}$

따라서 진영이가 사용한 딸기는 전체의 $\frac{2}{5}$입
니다.

06 일차

개념 확인
28~29쪽

1 **(1)** 10, 9, $>$ **(2)** 20, 21, $<$
   (3) $<$, $<$ **(4)** 48, 49, $<$
   (5) 8, 9, $<$

2 **(1)** 68, 0.68 **(2)** 17

3 **(1)** 4, 0.4, $>$ **(2)** 4, 3, $>$

기본 다지기
30~31쪽

1 **(1)** $<$ **(2)** $<$
   (3) $<$ **(4)** $>$
   (5) $<$ **(6)** $>$

2 **(1)** $1\frac{2}{3}$에 ○표 **(2)** $4\frac{23}{40}$에 ○표
   (3) $2\frac{7}{10}$에 ○표 **(4)** $3\frac{5}{9}$에 ○표

3 **(1)** $\frac{4}{5}$ **(2)** $\frac{1}{4}$
   (3) 1.8 **(4)** $\frac{9}{25}$

4 채점

5 $2\frac{11}{15}$ / $2\frac{11}{15}$, $2\frac{9}{20}$

6 $\frac{13}{20}$ **7** 사과

1 (1) $\left(\dfrac{1}{3},\dfrac{2}{5}\right)\Rightarrow\left(\dfrac{5}{15},\dfrac{6}{15}\right)\Rightarrow\dfrac{1}{3}<\dfrac{2}{5}$

(2) $\left(\dfrac{3}{4},\dfrac{7}{8}\right)\Rightarrow\left(\dfrac{6}{8},\dfrac{7}{8}\right)\Rightarrow\dfrac{3}{4}<\dfrac{7}{8}$

(3) $\left(\dfrac{3}{8},\dfrac{5}{12}\right)\Rightarrow\left(\dfrac{9}{24},\dfrac{10}{24}\right)\Rightarrow\dfrac{3}{8}<\dfrac{5}{12}$

(4) $\left(\dfrac{3}{10},\dfrac{5}{18}\right)\Rightarrow\left(\dfrac{27}{90},\dfrac{25}{90}\right)\Rightarrow\dfrac{3}{10}>\dfrac{5}{18}$

(5) $\left(\dfrac{5}{6},\dfrac{13}{15}\right)\Rightarrow\left(\dfrac{25}{30},\dfrac{26}{30}\right)\Rightarrow\dfrac{5}{6}<\dfrac{13}{15}$

(6) $\left(\dfrac{11}{16},\dfrac{13}{20}\right)\Rightarrow\left(\dfrac{55}{80},\dfrac{52}{80}\right)\Rightarrow\dfrac{11}{16}>\dfrac{13}{20}$

2 (1) $\left(1\dfrac{2}{3},3\dfrac{5}{8}\right)\Rightarrow 1<3\Rightarrow 1\dfrac{2}{3}<3\dfrac{5}{8}$

(2) $\left(5\dfrac{11}{20},4\dfrac{23}{40}\right)\Rightarrow 5>4$

$\Rightarrow 5\dfrac{11}{20}>4\dfrac{23}{40}$

(3) $\left(2\dfrac{7}{10},2\dfrac{3}{4}\right)\Rightarrow\left(2\dfrac{14}{20},2\dfrac{15}{20}\right)$

$\Rightarrow 2\dfrac{7}{10}<2\dfrac{3}{4}$

(4) $\left(3\dfrac{7}{12},3\dfrac{5}{9}\right)\Rightarrow\left(3\dfrac{21}{36},3\dfrac{20}{36}\right)$

$\Rightarrow 3\dfrac{7}{12}>3\dfrac{5}{9}$

3 (1) $\dfrac{4}{5}=\dfrac{8}{10}=0.8$이므로

$0.8>0.7\Rightarrow\dfrac{4}{5}>0.7$

(2) $\dfrac{1}{4}=\dfrac{25}{100}=0.25$이므로

$0.25>0.2\Rightarrow\dfrac{1}{4}>0.2$

(3) $1\dfrac{3}{4}=1\dfrac{75}{100}=1.75$이므로

$1.8>1.75\Rightarrow 1.8>1\dfrac{3}{4}$

(4) $\dfrac{9}{25}=\dfrac{36}{100}=0.36$이므로

$0.31<0.36\Rightarrow 0.31<\dfrac{9}{25}$

4 채정: $\left(\dfrac{5}{9},\dfrac{8}{15}\right)\Rightarrow\left(\dfrac{25}{45},\dfrac{24}{45}\right)\Rightarrow\dfrac{5}{9}>\dfrac{8}{15}$

민재: $\left(\dfrac{5}{6},\dfrac{3}{4}\right)\Rightarrow\left(\dfrac{10}{12},\dfrac{9}{12}\right)\Rightarrow\dfrac{5}{6}>\dfrac{3}{4}$

따라서 두 분수의 크기를 잘못 비교한 친구는 채정이입니다.

5 $\cdot\left(2\dfrac{2}{3},2\dfrac{11}{15}\right)\Rightarrow\left(2\dfrac{10}{15},2\dfrac{11}{15}\right)$

$\Rightarrow 2\dfrac{2}{3}<2\dfrac{11}{15}$

$\cdot\left(1\dfrac{3}{8},2\dfrac{9}{20}\right)\Rightarrow 1<2\Rightarrow 1\dfrac{3}{8}<2\dfrac{9}{20}$

$\cdot\left(2\dfrac{11}{15},2\dfrac{9}{20}\right)\Rightarrow\left(2\dfrac{44}{60},2\dfrac{27}{60}\right)$

$\Rightarrow 2\dfrac{11}{15}>2\dfrac{9}{20}$

6 $\dfrac{13}{20}=\dfrac{65}{100}=0.65,\ \dfrac{14}{25}=\dfrac{56}{100}=0.56$

이므로

$0.65>0.56>0.51\Rightarrow\dfrac{13}{20}>\dfrac{14}{25}>0.51$

따라서 가장 큰 수는 $\dfrac{13}{20}$입니다.

7 $2\dfrac{3}{8}=2\dfrac{375}{1000}=2.375$이므로

$2.4>2.375\Rightarrow 2.4>2\dfrac{3}{8}$

따라서 사과가 더 많습니다.

07 일차

마무리 하기

32~35쪽

1 ③

2 (1) $\times$ (2) ○

  (3) $\times$ (4) ○

3 (1) 9   (2) 16

4 6   **5** 수한

6 (1) $\dfrac{4}{18},\dfrac{6}{27},\dfrac{8}{36}$

  (2) $\dfrac{6}{20},\dfrac{9}{30},\dfrac{12}{40}$

7 $\dfrac{3}{5},\dfrac{7}{11},\dfrac{19}{21}$ **8** $\dfrac{2}{5},\dfrac{5}{9}$

9 $\dfrac{16}{24},\dfrac{6}{9}$ **10** 42, 84

11 (1) $<$ (2) $=$

12 5   **13** 민호

1 48의 약수: 1, 2, 3, 4, 6, 8, 12, 16, 24, 48

2 (2) $8 \times 4 = 32$ (4) $25 \times 3 = 75$

3 (1)

$$3 \underline{)\,18\quad 63}$$
$$3 \underline{)\,\,6\quad 21}$$
$$\quad\ \ 2\quad 7$$

→ 최대공약수:
$3 \times 3 = 9$

(2)

$$2 \underline{)\,48\quad 80}$$
$$2 \underline{)\,24\quad 40}$$
$$2 \underline{)\,12\quad 20}$$
$$2 \underline{)\,\,6\quad 10}$$
$$\quad\ \ 3\quad 5$$

→ 최대공약수:
$2 \times 2 \times 2 \times 2 = 16$

4 두 수의 공약수는 두 수의 최대공약수인 45의 약수이므로 1, 3, 5, 9, 15, 45입니다.
따라서 두 수의 공약수는 모두 6개입니다.

참고 두 수의 공약수는 두 수의 최대공약수의 약수와 같습니다.

5 소진: 공배수 중에서 가장 작은 수는 최소공배수입니다.
지우: 두 수의 공배수는 두 수의 최소공배수의 배수입니다.

6 (1) $\dfrac{2}{9} = \dfrac{2 \times 2}{9 \times 2} = \dfrac{4}{18}$, $\dfrac{2}{9} = \dfrac{2 \times 3}{9 \times 3} = \dfrac{6}{27}$,
$\dfrac{2}{9} = \dfrac{2 \times 4}{9 \times 4} = \dfrac{8}{36}$

(2) $\dfrac{3}{10} = \dfrac{3 \times 2}{10 \times 2} = \dfrac{6}{20}$,
$\dfrac{3}{10} = \dfrac{3 \times 3}{10 \times 3} = \dfrac{9}{30}$,
$\dfrac{3}{10} = \dfrac{3 \times 4}{10 \times 4} = \dfrac{12}{40}$

7 $\dfrac{6}{8} = \dfrac{3}{4}$, $\dfrac{5}{15} = \dfrac{1}{3}$, $\dfrac{14}{20} = \dfrac{7}{10}$이므로
$\dfrac{6}{8}$, $\dfrac{5}{15}$, $\dfrac{14}{20}$는 약분할 수 있지만 $\dfrac{3}{5}$, $\dfrac{7}{11}$,
$\dfrac{19}{21}$는 분모와 분자의 공약수가 1뿐입니다.

따라서 기약분수는 $\dfrac{3}{5}$, $\dfrac{7}{11}$, $\dfrac{19}{21}$입니다.

8 통분한 두 분수를 각각 분모와 분자의 최대공약수로 약분합니다.
$\dfrac{18}{45} = \dfrac{18 \div 9}{45 \div 9} = \dfrac{2}{5}$, $\dfrac{25}{45} = \dfrac{25 \div 5}{45 \div 5} = \dfrac{5}{9}$

9 $\dfrac{48}{72} = \dfrac{48 \div 3}{72 \div 3} = \dfrac{16}{24}$, $\dfrac{48}{72} = \dfrac{48 \div 8}{72 \div 8} = \dfrac{6}{9}$

10 두 분수의 분모인 14와 21의 공배수를 찾습니다. 14와 21의 최소공배수가 42이므로 공배수는 42, 84, 126, …이고, 이 중에서 100보다 작은 수를 모두 찾으면 42, 84입니다.

11 (1) $\left(1\dfrac{5}{8}, 1\dfrac{13}{18}\right) \rightarrow \left(1\dfrac{45}{72}, 1\dfrac{52}{72}\right)$
$\rightarrow 1\dfrac{5}{8} < 1\dfrac{13}{18}$

(2) $5\dfrac{7}{25} = 5\dfrac{28}{100} = 5.28$이므로
$5\dfrac{7}{25} = 5.28$

12 2와 3의 최소공배수는 6이므로 두 사람이 4월 동안 함께 수영장에 간 날은 1일, 7일, 13일, 19일, 25일로 모두 5일입니다.

13 $\dfrac{5}{8} = \dfrac{75}{120}$, $0.7 = \dfrac{7}{10} = \dfrac{84}{120}$,
$\dfrac{17}{24} = \dfrac{85}{120}$이므로
$\dfrac{85}{120} > \dfrac{84}{120} > \dfrac{75}{120} \rightarrow \dfrac{17}{24} > 0.7 > \dfrac{5}{8}$
따라서 딸기를 가장 많이 딴 친구는 민호입니다.

미래엔 **환경 지킴이**

36쪽

2장 분수의 덧셈과 뺄셈

08 일차

개념 확인

38~39쪽

1 (1) ⑩ [figure]

2, 5 / 2, 5, 7

(2) ⑩ [figure]

5, 2 / 5, 2, 7

2 (1) 3, 9, 14 (2) 6, 2, 6, 2, 8, 2

3 (1) 5, 2, 15, 17 (2) 4, 3, 8, 15, 23

기본 다지기

40~41쪽

1 (1) $\dfrac{1\times3}{2\times3}+\dfrac{1\times2}{3\times2}=\dfrac{3}{6}+\dfrac{2}{6}=\dfrac{5}{6}$

(2) $\dfrac{1\times6}{4\times6}+\dfrac{1\times4}{6\times4}=\dfrac{6}{24}+\dfrac{4}{24}$

$\qquad\qquad=\dfrac{\overset{5}{\cancel{10}}}{\underset{12}{\cancel{24}}}=\dfrac{5}{12}$

2 (1) $\dfrac{5\times5}{8\times5}+\dfrac{3\times4}{10\times4}=\dfrac{25}{40}+\dfrac{12}{40}$

$\qquad\qquad=\dfrac{37}{40}$

(2) $\dfrac{2\times3}{5\times3}+\dfrac{4}{15}=\dfrac{6}{15}+\dfrac{4}{15}$

$\qquad\qquad=\dfrac{\overset{2}{\cancel{10}}}{\underset{3}{\cancel{15}}}=\dfrac{2}{3}$

3 (1) $\dfrac{11}{28}$ (2) $\dfrac{17}{24}$

(3) $\dfrac{38}{45}$ (4) $\dfrac{7}{15}$

(5) $\dfrac{29}{48}$ (6) $\dfrac{41}{72}$

4 (1) $\dfrac{7}{8}$ (2) $\dfrac{11}{30}$

---

5 [figure] **6** <

7 $\dfrac{1}{3}+\dfrac{7}{15}=\dfrac{4}{5}$ / $\dfrac{4}{5}$

3 (1) $\dfrac{1}{4}+\dfrac{1}{7}=\dfrac{7}{28}+\dfrac{4}{28}=\dfrac{11}{28}$

(2) $\dfrac{1}{3}+\dfrac{3}{8}=\dfrac{8}{24}+\dfrac{9}{24}=\dfrac{17}{24}$

(3) $\dfrac{2}{5}+\dfrac{4}{9}=\dfrac{18}{45}+\dfrac{20}{45}=\dfrac{38}{45}$

(4) $\dfrac{1}{6}+\dfrac{3}{10}=\dfrac{5}{30}+\dfrac{9}{30}=\dfrac{\overset{7}{\cancel{14}}}{\underset{15}{\cancel{30}}}=\dfrac{7}{15}$

(5) $\dfrac{3}{16}+\dfrac{5}{12}=\dfrac{9}{48}+\dfrac{20}{48}=\dfrac{29}{48}$

(6) $\dfrac{5}{18}+\dfrac{7}{24}=\dfrac{20}{72}+\dfrac{21}{72}=\dfrac{41}{72}$

4 (1) $\dfrac{3}{4}+\dfrac{1}{8}=\dfrac{6}{8}+\dfrac{1}{8}=\dfrac{7}{8}$

(2) $\dfrac{1}{10}+\dfrac{4}{15}=\dfrac{3}{30}+\dfrac{8}{30}=\dfrac{11}{30}$

5 • $\dfrac{1}{6}+\dfrac{4}{9}=\dfrac{3}{18}+\dfrac{8}{18}=\dfrac{11}{18}$

• $\dfrac{7}{12}+\dfrac{4}{15}=\dfrac{35}{60}+\dfrac{16}{60}=\dfrac{\overset{17}{\cancel{51}}}{\underset{20}{\cancel{60}}}=\dfrac{17}{20}$

• $\dfrac{9}{14}+\dfrac{5}{21}=\dfrac{27}{42}+\dfrac{10}{42}=\dfrac{37}{42}$

6 • $\dfrac{3}{10}+\dfrac{13}{25}=\dfrac{15}{50}+\dfrac{26}{50}=\dfrac{41}{50}\left(=\dfrac{82}{100}\right)$

• $\dfrac{2}{5}+\dfrac{9}{20}=\dfrac{8}{20}+\dfrac{9}{20}=\dfrac{17}{20}\left(=\dfrac{85}{100}\right)$

따라서 $\dfrac{41}{50}<\dfrac{17}{20}$ 이므로

$\dfrac{3}{10}+\dfrac{13}{25}<\dfrac{2}{5}+\dfrac{9}{20}$ 입니다.

7 (은지가 오늘 아침과 낮에 마신 물의 양)

$=\dfrac{1}{3}+\dfrac{7}{15}=\dfrac{5}{15}+\dfrac{7}{15}=\dfrac{\overset{4}{\cancel{12}}}{\underset{5}{\cancel{15}}}=\dfrac{4}{5}$ (L)

09 일차

개념확인 42~43쪽

1 (1) 예

2, 3 / 2, 3, 5, 1, 1

(2) 예

3, 10 / 3, 10, 13, 1, 1

2 (1) 7, 7, 31, 1, 3
(2) 3, 9, 12, 18, 30 / 1, 3, 1, 1

3 (1) 2, 10, 7, 17, 1, 5
(2) 5, 4, 5, 36, 41, 1, 1

기본 다지기 44~45쪽

1 (1) $\dfrac{3\times6}{4\times6}+\dfrac{5\times4}{6\times4}=\dfrac{18}{24}+\dfrac{20}{24}$

$=\dfrac{38}{24}=1\dfrac{14}{24}$

$=1\dfrac{7}{12}$

(2) $\dfrac{2\times10}{5\times10}+\dfrac{7\times5}{10\times5}=\dfrac{20}{50}+\dfrac{35}{50}$

$=\dfrac{55}{50}=1\dfrac{5}{50}$

$=1\dfrac{1}{10}$

2 (1) $\dfrac{4\times3}{5\times3}+\dfrac{7}{15}=\dfrac{12}{15}+\dfrac{7}{15}$

$=\dfrac{19}{15}=1\dfrac{4}{15}$

(2) $\dfrac{3\times3}{8\times3}+\dfrac{11\times2}{12\times2}=\dfrac{9}{24}+\dfrac{22}{24}$

$=\dfrac{31}{24}=1\dfrac{7}{24}$

3 (1) $1\dfrac{7}{15}$ (2) $1\dfrac{7}{12}$

(3) $1\dfrac{3}{22}$ (4) $1\dfrac{41}{56}$

(5) $1\dfrac{13}{30}$ (6) $1\dfrac{31}{72}$

4 $1\dfrac{3}{40}$ / $1\dfrac{31}{48}$ **5** $1\dfrac{23}{90}$

6 ( ) (○) ( )

7 $\dfrac{7}{9}+\dfrac{5}{12}=1\dfrac{7}{36}$ / $1\dfrac{7}{36}$

3 (1) $\dfrac{2}{3}+\dfrac{4}{5}=\dfrac{10}{15}+\dfrac{12}{15}=\dfrac{22}{15}=1\dfrac{7}{15}$

(2) $\dfrac{3}{4}+\dfrac{5}{6}=\dfrac{9}{12}+\dfrac{10}{12}=\dfrac{19}{12}=1\dfrac{7}{12}$

(3) $\dfrac{7}{11}+\dfrac{1}{2}=\dfrac{14}{22}+\dfrac{11}{22}=\dfrac{25}{22}=1\dfrac{3}{22}$

(4) $\dfrac{6}{7}+\dfrac{7}{8}=\dfrac{48}{56}+\dfrac{49}{56}=\dfrac{97}{56}=1\dfrac{41}{56}$

(5) $\dfrac{9}{10}+\dfrac{8}{15}=\dfrac{27}{30}+\dfrac{16}{30}=\dfrac{43}{30}=1\dfrac{13}{30}$

(6) $\dfrac{17}{24}+\dfrac{13}{18}=\dfrac{51}{72}+\dfrac{52}{72}$

$=\dfrac{103}{72}=1\dfrac{31}{72}$

4 • $\dfrac{5}{8}+\dfrac{9}{20}=\dfrac{25}{40}+\dfrac{18}{40}=\dfrac{43}{40}=1\dfrac{3}{40}$

• $\dfrac{15}{16}+\dfrac{17}{24}=\dfrac{45}{48}+\dfrac{34}{48}=\dfrac{79}{48}=1\dfrac{31}{48}$

5 (나 끈의 길이)$=\dfrac{13}{15}+\dfrac{7}{18}=\dfrac{78}{90}+\dfrac{35}{90}$

$=\dfrac{113}{90}=1\dfrac{23}{90}$ (m)

6 • $\dfrac{11}{30}+\dfrac{9}{20}=\dfrac{22}{60}+\dfrac{27}{60}=\dfrac{49}{60}<1$

• $\dfrac{1}{3}+\dfrac{7}{10}=\dfrac{10}{30}+\dfrac{21}{30}=\dfrac{31}{30}=1\dfrac{1}{30}>1$

• $\dfrac{3}{14}+\dfrac{13}{21}=\dfrac{9}{42}+\dfrac{26}{42}=\dfrac{35}{42}=\dfrac{5}{6}<1$

7 (고구마의 무게)+(감자의 무게)

$=\dfrac{7}{9}+\dfrac{5}{12}=\dfrac{28}{36}+\dfrac{15}{36}$

$=\dfrac{43}{36}=1\dfrac{7}{36}$ (kg)

11

개념 확인

46~47쪽

1 ㉖

10, 3 / 10, 3, 13, 3, 13

2 (1) 4, 5, 2, 5
(2) 3, 10, 3, 13, 3, 13

3 (1) 3, 15, 29, 2, 9
(2) 13, 39, 26, 65, 3, 11

기본 다지기

48~49쪽

1 (1) $1\frac{2}{8}+2\frac{5}{8}=3+\frac{7}{8}=3\frac{7}{8}$

(2) $2\frac{12}{30}+2\frac{5}{30}=4+\frac{17}{30}=4\frac{17}{30}$

2 (1) $\frac{8}{5}+\frac{21}{10}=\frac{16}{10}+\frac{21}{10}$
$=\frac{37}{10}=3\frac{7}{10}$

(2) $\frac{10}{3}+\frac{21}{8}=\frac{80}{24}+\frac{63}{24}$
$=\frac{143}{24}=5\frac{23}{24}$

3 (1) $3\frac{25}{28}$ (2) $5\frac{17}{18}$

(3) $3\frac{20}{21}$ (4) $5\frac{4}{5}$

(5) $4\frac{3}{4}$ (6) $5\frac{33}{40}$

4 (1) $4\frac{61}{70}$ (2) $6\frac{41}{48}$

5 $4\frac{7}{24}$ **6** 1, 2, 3

7 $4\frac{3}{10}+1\frac{8}{15}=5\frac{5}{6}$ / $5\frac{5}{6}$

3 (1) $1\frac{3}{4}+2\frac{1}{7}=1\frac{21}{28}+2\frac{4}{28}=3\frac{25}{28}$

(2) $1\frac{5}{6}+4\frac{1}{9}=1\frac{15}{18}+4\frac{2}{18}=5\frac{17}{18}$

(3) $2\frac{2}{7}+1\frac{2}{3}=2\frac{6}{21}+1\frac{14}{21}=3\frac{20}{21}$

(4) $3\frac{1}{2}+2\frac{3}{10}=3\frac{5}{10}+2\frac{3}{10}$
$=5\frac{\overset{4}{\cancel{8}}}{\underset{5}{\cancel{10}}}=5\frac{4}{5}$

(5) $2\frac{7}{12}+2\frac{1}{6}=2\frac{7}{12}+2\frac{2}{12}$
$=4\frac{\overset{3}{\cancel{9}}}{\underset{4}{\cancel{12}}}=4\frac{3}{4}$

(6) $1\frac{9}{20}+4\frac{3}{8}=1\frac{18}{40}+4\frac{15}{40}=5\frac{33}{40}$

4 (1) $1\frac{5}{14}+3\frac{18}{35}=1\frac{25}{70}+3\frac{36}{70}=4\frac{61}{70}$

(2) $4\frac{5}{16}+2\frac{13}{24}=4\frac{15}{48}+2\frac{26}{48}=6\frac{41}{48}$

5 $\square=3\frac{1}{8}+1\frac{1}{6}=3\frac{3}{24}+1\frac{4}{24}=4\frac{7}{24}$

6 • $2\frac{1}{3}+3\frac{8}{15}=2\frac{5}{15}+3\frac{8}{15}$
$=5\frac{13}{15}\left(=5\frac{39}{45}\right)$

• $1\frac{2}{9}+4\frac{3}{5}=1\frac{10}{45}+4\frac{27}{45}=5\frac{37}{45}$

• $3\frac{2}{15}+2\frac{4}{9}=3\frac{6}{45}+2\frac{20}{45}=5\frac{26}{45}$

➜ $5\frac{13}{15}>5\frac{37}{45}>5\frac{26}{45}$

7 (어항에 있는 물의 양)
= (처음 어항에 들어 있던 물의 양)
+ (더 넣은 물의 양)
$=4\frac{3}{10}+1\frac{8}{15}=4\frac{9}{30}+1\frac{16}{30}$
$=5\frac{\overset{5}{\cancel{25}}}{\underset{6}{\cancel{30}}}=5\frac{5}{6}$ (L)

개념 확인

1 예

4, 7 / 4, 7, 11 / 1, 3, 4, 3

2 (1) 21, 29, 1, 1, 3, 1

(2) 35, 24, 3, 59 / 3, 1, 14, 4, 14

3 (1) 4, 20, 47, 3, 2

(2) 11, 52, 55, 107, 3, 17

기본 다지기

1 (1) $1\frac{7}{21}+1\frac{18}{21}=2+\frac{25}{21}$

$\qquad =2+1\frac{4}{21}=3\frac{4}{21}$

(2) $2\frac{8}{18}+1\frac{13}{18}=3+\frac{21}{18}$

$\qquad =3+1\frac{3}{18}$

$\qquad =4\frac{\overset{1}{\cancel{3}}}{\underset{6}{\cancel{18}}}=4\frac{1}{6}$

2 (1) $\frac{9}{4}+\frac{11}{6}=\frac{27}{12}+\frac{22}{12}$

$\qquad =\frac{49}{12}=4\frac{1}{12}$

(2) $\frac{8}{5}+\frac{49}{10}=\frac{16}{10}+\frac{49}{10}=\frac{65}{10}$

$\qquad =6\frac{\overset{1}{\cancel{5}}}{\underset{2}{\cancel{10}}}=6\frac{1}{2}$

3 (1) $3\frac{11}{20}$ (2) $5\frac{1}{18}$

(3) $6\frac{1}{7}$ (4) $5\frac{13}{30}$

(5) $6\frac{27}{56}$ (6) $8\frac{19}{48}$

4 $8\frac{13}{60}$

5 $5\frac{11}{40}$, $6\frac{17}{80}$, $4\frac{3}{28}$

6 ㉡

7 $2\frac{6}{7}+1\frac{2}{5}=4\frac{9}{35}$ / $4\frac{9}{35}$

3 (1) $1\frac{4}{5}+1\frac{3}{4}=1\frac{16}{20}+1\frac{15}{20}$

$\qquad =2\frac{31}{20}=3\frac{11}{20}$

(2) $1\frac{1}{6}+3\frac{8}{9}=1\frac{3}{18}+3\frac{16}{18}$

$\qquad =4\frac{19}{18}=5\frac{1}{18}$

(3) $2\frac{1}{2}+3\frac{9}{14}=2\frac{7}{14}+3\frac{9}{14}$

$\qquad =5\frac{16}{14}=6\frac{\overset{1}{\cancel{2}}}{\underset{7}{\cancel{14}}}=6\frac{1}{7}$

(4) $2\frac{7}{10}+2\frac{11}{15}=2\frac{21}{30}+2\frac{22}{30}$

$\qquad =4\frac{43}{30}=5\frac{13}{30}$

(5) $4\frac{6}{7}+1\frac{5}{8}=4\frac{48}{56}+1\frac{35}{56}$

$\qquad =5\frac{83}{56}=6\frac{27}{56}$

(6) $2\frac{7}{12}+5\frac{13}{16}=2\frac{28}{48}+5\frac{39}{48}$

$\qquad =7\frac{67}{48}=8\frac{19}{48}$

4 $\left(4\frac{3}{10} \text{보다} 3\frac{11}{12} \text{더 큰 수}\right)$

$=4\frac{3}{10}+3\frac{11}{12}=4\frac{18}{60}+3\frac{55}{60}$

$=7\frac{73}{60}=8\frac{13}{60}$

5 ・$1\frac{5}{14}+2\frac{3}{4}=1\frac{10}{28}+2\frac{21}{28}$

$\qquad =3\frac{31}{28}=4\frac{3}{28}$

・$3\frac{2}{5}+1\frac{7}{8}=3\frac{16}{40}+1\frac{35}{40}$

$\qquad =4\frac{51}{40}=5\frac{11}{40}$

$\cdot\,2\dfrac{9}{16}+3\dfrac{13}{20}=2\dfrac{45}{80}+3\dfrac{52}{80}$

$\qquad\qquad\quad=5\dfrac{97}{80}=6\dfrac{17}{80}$

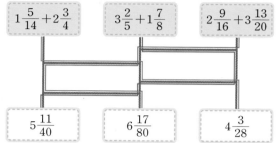

6 ㉠ $3\dfrac{1}{6}+1\dfrac{14}{15}=3\dfrac{5}{30}+1\dfrac{28}{30}=4\dfrac{33}{30}$

$\qquad\qquad\quad=5\overset{1}{\underset{10}{\dfrac{3}{30}}}=5\dfrac{1}{10}\left(=5\dfrac{2}{20}\right)$

㉡ $2\dfrac{3}{4}+2\dfrac{9}{10}=2\dfrac{15}{20}+2\dfrac{18}{20}$

$\qquad\qquad\quad=4\dfrac{33}{20}=5\dfrac{13}{20}$

따라서 $5\dfrac{1}{10}<5\dfrac{13}{20}$ 이므로 계산 결과가 더 큰 식은 ㉡입니다.

7 (빨간색 털실의 길이)+(파란색 털실의 길이)

$=2\dfrac{6}{7}+1\dfrac{2}{5}=2\dfrac{30}{35}+1\dfrac{14}{35}$

$=3\dfrac{44}{35}=4\dfrac{9}{35}$ (m)

12 일차

개념 확인   54~55쪽

1 (1) ⓔ
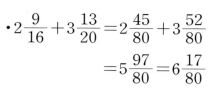
2 / 5, 2, 3, 1

    (2) ⓔ

    8, 5 / 8, 5, 3

2 (1) 7, 7, 13   (2) 9, 9, 12, 4

3 (1) 2, 5, 2, 3

    (2) 3, 5, 21, 5, 16, 8

기본 다지기   56~57쪽

1 (1) $\dfrac{1\times4}{2\times4}-\dfrac{1\times2}{4\times2}=\dfrac{4}{8}-\dfrac{2}{8}$

$\qquad\qquad\quad=\overset{1}{\underset{4}{\dfrac{2}{8}}}=\dfrac{1}{4}$

    (2) $\dfrac{3\times9}{4\times9}-\dfrac{2\times4}{9\times4}=\dfrac{27}{36}-\dfrac{8}{36}$

$\qquad\qquad\quad=\dfrac{19}{36}$

2 (1) $\dfrac{7}{10}-\dfrac{2\times2}{5\times2}=\dfrac{7}{10}-\dfrac{4}{10}=\dfrac{3}{10}$

    (2) $\dfrac{4\times2}{9\times2}-\dfrac{1\times3}{6\times3}=\dfrac{8}{18}-\dfrac{3}{18}$

$\qquad\qquad\quad=\dfrac{5}{18}$

3 (1) $\dfrac{1}{6}$ (2) $\dfrac{9}{16}$

    (3) $\dfrac{17}{40}$ (4) $\dfrac{13}{36}$

    (5) $\dfrac{9}{35}$ (6) $\dfrac{23}{56}$

4 (1) $\dfrac{20}{63}$ (2) $\dfrac{11}{40}$

5 (1) $\dfrac{4}{9}$ (2) $\dfrac{31}{84}$

6 $\dfrac{9}{20}-\dfrac{2}{15}$ 에 색칠

7 $\dfrac{5}{7}-\dfrac{8}{21}=\dfrac{1}{3}$ / $\dfrac{1}{3}$

---

3 (1) $\dfrac{1}{2}-\dfrac{1}{3}=\dfrac{3}{6}-\dfrac{2}{6}=\dfrac{1}{6}$

    (2) $\dfrac{13}{16}-\dfrac{1}{4}=\dfrac{13}{16}-\dfrac{4}{16}=\dfrac{9}{16}$

    (3) $\dfrac{4}{5}-\dfrac{3}{8}=\dfrac{32}{40}-\dfrac{15}{40}=\dfrac{17}{40}$

    (4) $\dfrac{7}{9}-\dfrac{5}{12}=\dfrac{28}{36}-\dfrac{15}{36}=\dfrac{13}{36}$

    (5) $\dfrac{6}{7}-\dfrac{3}{5}=\dfrac{30}{35}-\dfrac{21}{35}=\dfrac{9}{35}$

    (6) $\dfrac{7}{8}-\dfrac{13}{28}=\dfrac{49}{56}-\dfrac{26}{56}=\dfrac{23}{56}$

14

4 (1) $\dfrac{8}{9}-\dfrac{4}{7}=\dfrac{56}{63}-\dfrac{36}{63}=\dfrac{20}{63}$

(2) $\dfrac{9}{10}-\dfrac{5}{8}=\dfrac{36}{40}-\dfrac{25}{40}=\dfrac{11}{40}$

5 (1) $\dfrac{2}{3}\left(=\dfrac{6}{9}\right)>\dfrac{2}{9}$ 이므로

$\dfrac{2}{3}-\dfrac{2}{9}=\dfrac{6}{9}-\dfrac{2}{9}=\dfrac{4}{9}$

(2) $\dfrac{5}{12}\left(=\dfrac{35}{84}\right)<\dfrac{11}{14}\left(=\dfrac{66}{84}\right)$이므로

$\dfrac{11}{14}-\dfrac{5}{12}=\dfrac{66}{84}-\dfrac{35}{84}=\dfrac{31}{84}$

6 • $\dfrac{9}{20}-\dfrac{2}{15}=\dfrac{27}{60}-\dfrac{8}{60}=\dfrac{19}{60}$

• $\dfrac{3}{5}-\dfrac{1}{3}=\dfrac{9}{15}-\dfrac{5}{15}=\dfrac{4}{15}\left(=\dfrac{16}{60}\right)$

따라서 $\dfrac{19}{60}>\dfrac{4}{15}$ 이므로 계산 결과가 더 큰

식은 $\dfrac{9}{20}-\dfrac{2}{15}$ 입니다.

7 (가로)$-$(세로)$=\dfrac{5}{7}-\dfrac{8}{21}=\dfrac{15}{21}-\dfrac{8}{21}$

$=\dfrac{\overset{1}{7}}{\underset{3}{21}}=\dfrac{1}{3}$ (m)

13 일차

1 예

5, 4 / 5, 4, 1, 1, 1, 1

2 (1) 16, 11, 11

(2) 25, 21, 3, 4 / 3, 4, 3, 2

3 (1) 11, 33, 22, 1, 7

(2) 17, 69, 34, 35, 1, 11

1 (1) $2\dfrac{6}{8}-1\dfrac{5}{8}=1+\dfrac{1}{8}=1\dfrac{1}{8}$

(2) $3\dfrac{30}{42}-1\dfrac{7}{42}=2+\dfrac{23}{42}$

$=2\dfrac{23}{42}$

2 (1) $\dfrac{18}{7}-\dfrac{5}{4}=\dfrac{72}{28}-\dfrac{35}{28}$

$=\dfrac{37}{28}=1\dfrac{9}{28}$

(2) $\dfrac{23}{6}-\dfrac{21}{10}=\dfrac{115}{30}-\dfrac{63}{30}=\dfrac{52}{30}$

$=1\dfrac{\overset{11}{\cancel{22}}}{\underset{15}{\cancel{30}}}=1\dfrac{11}{15}$

3 (1) $\dfrac{13}{18}$ (2) $2\dfrac{3}{8}$

(3) $3\dfrac{13}{28}$ (4) $3\dfrac{1}{2}$

(5) $2\dfrac{37}{60}$ (6) $4\dfrac{14}{45}$

4 $4\dfrac{2}{3}$ **5** $2\dfrac{11}{36}$

6 $>$

7 $6\dfrac{3}{4}-4\dfrac{1}{2}=2\dfrac{1}{4}$ / $2\dfrac{1}{4}$

3 (1) $2\dfrac{8}{9}-2\dfrac{1}{6}=2\dfrac{16}{18}-2\dfrac{3}{18}=\dfrac{13}{18}$

(2) $3\dfrac{7}{8}-1\dfrac{1}{2}=3\dfrac{7}{8}-1\dfrac{4}{8}=2\dfrac{3}{8}$

(3) $5\dfrac{3}{4}-2\dfrac{2}{7}=5\dfrac{21}{28}-2\dfrac{8}{28}=3\dfrac{13}{28}$

(4) $4\dfrac{9}{10}-1\dfrac{2}{5}=4\dfrac{9}{10}-1\dfrac{4}{10}$

$=3\dfrac{\overset{1}{\cancel{5}}}{\underset{2}{\cancel{10}}}=3\dfrac{1}{2}$

(5) $5\dfrac{11}{12}-3\dfrac{3}{10}=5\dfrac{55}{60}-3\dfrac{18}{60}=2\dfrac{37}{60}$

(6) $7\dfrac{8}{15}-3\dfrac{2}{9}=7\dfrac{24}{45}-3\dfrac{10}{45}=4\dfrac{14}{45}$

4 $\square=6\dfrac{6}{7}-2\dfrac{4}{21}=6\dfrac{18}{21}-2\dfrac{4}{21}$

$\qquad\qquad=4\dfrac{\overset{2}{14}}{\underset{3}{21}}=4\dfrac{2}{3}$

5 $\left(3\dfrac{13}{18}\ \text{보다}\ 1\dfrac{5}{12}\ \text{더 작은 수}\right)$

$=3\dfrac{13}{18}-1\dfrac{5}{12}=3\dfrac{26}{36}-1\dfrac{15}{36}=2\dfrac{11}{36}$

따라서 정훈이가 말하는 수는 $2\dfrac{11}{36}$ 입니다.

6 ・$4\dfrac{7}{8}-1\dfrac{3}{10}=4\dfrac{35}{40}-1\dfrac{12}{40}=3\dfrac{23}{40}$

・$5\dfrac{4}{5}-2\dfrac{9}{20}=5\dfrac{16}{20}-2\dfrac{9}{20}$

$\qquad\qquad=3\dfrac{7}{20}\left(=3\dfrac{14}{40}\right)$

따라서 $3\dfrac{23}{40}>3\dfrac{7}{20}$ 이므로

$4\dfrac{7}{8}-1\dfrac{3}{10}>5\dfrac{4}{5}-2\dfrac{9}{20}$ 입니다.

7 (남은 밀가루의 무게)

$\quad=$ (처음에 있던 밀가루의 무게)

$\qquad\ -$ (사용한 밀가루의 무게)

$\quad=6\dfrac{3}{4}-4\dfrac{1}{2}=6\dfrac{3}{4}-4\dfrac{2}{4}=2\dfrac{1}{4}$ (kg)

---

14 일차

1 예

1, 6 / 1, 6, 9, 6, 3

2 (1) 18, 10, 8, 1, 8

　 (2) 15, 20, 15 / 5, 1, 5

3 (1) 3, 21, 13

　 (2) 7, 21, 17, 1, 5

---

1 (1) $3\dfrac{5}{35}-1\dfrac{21}{35}=2\dfrac{40}{35}-1\dfrac{21}{35}$

$\qquad\qquad=1+\dfrac{19}{35}=1\dfrac{19}{35}$

　 (2) $4\dfrac{10}{16}-1\dfrac{11}{16}=3\dfrac{26}{16}-1\dfrac{11}{16}$

$\qquad\qquad=2+\dfrac{15}{16}=2\dfrac{15}{16}$

2 (1) $\dfrac{11}{2}-\dfrac{39}{8}=\dfrac{44}{8}-\dfrac{39}{8}=\dfrac{5}{8}$

　 (2) $\dfrac{19}{6}-\dfrac{16}{9}=\dfrac{57}{18}-\dfrac{32}{18}$

$\qquad\qquad=\dfrac{25}{18}=1\dfrac{7}{18}$

3 (1) $\dfrac{17}{30}$ 　　　　(2) $\dfrac{7}{8}$

　 (3) $1\dfrac{1}{2}$ 　　　　(4) $\dfrac{17}{21}$

　 (5) $1\dfrac{26}{45}$ 　　　(6) $4\dfrac{31}{45}$

4 ⬩✕⬩

5 $2\dfrac{11}{40}$, $\dfrac{3}{8}$

6 $5\dfrac{7}{12}-2\dfrac{3}{5}$에 ◯표

7 $2\dfrac{1}{4}-1\dfrac{11}{12}=\dfrac{1}{3}$ / $\dfrac{1}{3}$

---

3 (1) $2\dfrac{2}{5}-1\dfrac{5}{6}=2\dfrac{12}{30}-1\dfrac{25}{30}$

$\qquad\qquad=1\dfrac{42}{30}-1\dfrac{25}{30}=\dfrac{17}{30}$

　 (2) $4\dfrac{1}{4}-3\dfrac{3}{8}=4\dfrac{2}{8}-3\dfrac{3}{8}$

$\qquad\qquad=3\dfrac{10}{8}-3\dfrac{3}{8}=\dfrac{7}{8}$

　 (3) $3\dfrac{1}{7}-1\dfrac{9}{14}=3\dfrac{2}{14}-1\dfrac{9}{14}$

$\qquad\qquad=2\dfrac{16}{14}-1\dfrac{9}{14}$

$\qquad\qquad=1\dfrac{\overset{1}{7}}{\underset{2}{14}}=1\dfrac{1}{2}$

(4) $4\dfrac{2}{3}-3\dfrac{6}{7}=4\dfrac{14}{21}-3\dfrac{18}{21}$

$\qquad\qquad =3\dfrac{35}{21}-3\dfrac{18}{21}=\dfrac{17}{21}$

(5) $5\dfrac{4}{9}-3\dfrac{13}{15}=5\dfrac{20}{45}-3\dfrac{39}{45}$

$\qquad\qquad =4\dfrac{65}{45}-3\dfrac{39}{45}=1\dfrac{26}{45}$

(6) $6\dfrac{3}{10}-1\dfrac{11}{18}=6\dfrac{27}{90}-1\dfrac{55}{90}$

$\qquad\qquad =5\dfrac{117}{90}-1\dfrac{55}{90}$

$\qquad\qquad =4\dfrac{\overset{31}{\cancel{62}}}{\underset{45}{\cancel{90}}}=4\dfrac{31}{45}$

4 $\cdot\,5\dfrac{1}{6}-3\dfrac{5}{8}=5\dfrac{4}{24}-3\dfrac{15}{24}$

$\qquad\qquad =4\dfrac{28}{24}-3\dfrac{15}{24}=1\dfrac{13}{24}$

$\cdot\,4\dfrac{5}{9}-2\dfrac{16}{21}=4\dfrac{35}{63}-2\dfrac{48}{63}$

$\qquad\qquad =3\dfrac{98}{63}-2\dfrac{48}{63}=1\dfrac{50}{63}$

$\cdot\,3\dfrac{7}{16}-1\dfrac{19}{24}=3\dfrac{21}{48}-1\dfrac{38}{48}$

$\qquad\qquad =2\dfrac{69}{48}-1\dfrac{38}{48}=1\dfrac{31}{48}$

5 $4\dfrac{3}{20}-1\dfrac{7}{8}=4\dfrac{6}{40}-1\dfrac{35}{40}$

$\qquad\qquad =3\dfrac{46}{40}-1\dfrac{35}{40}=2\dfrac{11}{40}$.

$2\dfrac{11}{40}-1\dfrac{9}{10}=2\dfrac{11}{40}-1\dfrac{36}{40}$

$\qquad\qquad =1\dfrac{51}{40}-1\dfrac{36}{40}$

$\qquad\qquad =\dfrac{\overset{3}{\cancel{15}}}{\underset{8}{\cancel{40}}}=\dfrac{3}{8}$

6 $\cdot\,4\dfrac{4}{9}-1\dfrac{1}{2}=4\dfrac{8}{18}-1\dfrac{9}{18}$

$\qquad\qquad =3\dfrac{26}{18}-1\dfrac{9}{18}$

$\qquad\qquad =2\dfrac{17}{18}\left(=2\dfrac{170}{180}\right)$

$\cdot\,5\dfrac{7}{12}-2\dfrac{3}{5}=5\dfrac{35}{60}-2\dfrac{36}{60}$

$\qquad\qquad =4\dfrac{95}{60}-2\dfrac{36}{60}$

$\qquad\qquad =2\dfrac{59}{60}\left(=2\dfrac{177}{180}\right)$

따라서 $2\dfrac{17}{18}<2\dfrac{59}{60}$ 이므로

계산 결과가 더 큰 식은 $5\dfrac{7}{12}-2\dfrac{3}{5}$ 입니다.

7 (어제 독서를 한 시간) $-$ (오늘 독서를 한 시간)

$=2\dfrac{1}{4}-1\dfrac{11}{12}=2\dfrac{3}{12}-1\dfrac{11}{12}$

$=1\dfrac{15}{12}-1\dfrac{11}{12}=\dfrac{\overset{1}{\cancel{4}}}{\underset{3}{\cancel{12}}}=\dfrac{1}{3}$ (시간)

🗨 15 일차

마무리 하기

66~69쪽

1 $\dfrac{2}{7}+\dfrac{4}{21}=\dfrac{2\times3}{7\times3}+\dfrac{4}{21}$

$\qquad\qquad =\dfrac{6}{21}+\dfrac{4}{21}=\dfrac{10}{21}$

2 **(1)** $\dfrac{7}{20}$ **(2)** $1\dfrac{37}{72}$

3 $8\dfrac{7}{10}$

4 **(1)** $\dfrac{13}{24}$ **(2)** $1\dfrac{7}{16}$

5 $\dfrac{3}{14}$, $\dfrac{1}{70}$ **6** $3\dfrac{7}{27}$

7 **(1)** $>$ **(2)** $>$

8 ⑩ $4\dfrac{3}{18}-2\dfrac{17}{18}=3\dfrac{21}{18}-2\dfrac{17}{18}$

$\qquad\qquad =1\dfrac{\overset{2}{\cancel{4}}}{\underset{9}{\cancel{18}}}=1\dfrac{2}{9}$

9 $3\dfrac{19}{42}$ **10** 5

11 $4\dfrac{11}{24}$ **12** 찬우, $\dfrac{31}{70}$

17

2 (1) $\dfrac{1}{5}+\dfrac{3}{20}=\dfrac{4}{20}+\dfrac{3}{20}=\dfrac{7}{20}$

  (2) $\dfrac{8}{9}+\dfrac{5}{8}=\dfrac{64}{72}+\dfrac{45}{72}=\dfrac{109}{72}=1\dfrac{37}{72}$

3 $\square=2\dfrac{1}{6}+6\dfrac{8}{15}=2\dfrac{5}{30}+6\dfrac{16}{30}$

  $=8\dfrac{\overset{7}{\cancel{21}}}{\underset{10}{\cancel{30}}}=8\dfrac{7}{10}$

4 (1) $\dfrac{5}{8}-\dfrac{1}{12}=\dfrac{15}{24}-\dfrac{2}{24}=\dfrac{13}{24}$

  (2) $5\dfrac{11}{16}-4\dfrac{1}{4}=5\dfrac{11}{16}-4\dfrac{4}{16}=1\dfrac{7}{16}$

5 $\dfrac{5}{7}-\dfrac{1}{2}=\dfrac{10}{14}-\dfrac{7}{14}=\dfrac{3}{14}$,

  $\dfrac{3}{14}-\dfrac{1}{5}=\dfrac{15}{70}-\dfrac{14}{70}=\dfrac{1}{70}$

6 $\bigcirc+6\dfrac{1}{9}=9\dfrac{10}{27}$

  $\rightarrow \bigcirc=9\dfrac{10}{27}-6\dfrac{1}{9}=9\dfrac{10}{27}-6\dfrac{3}{27}=3\dfrac{7}{27}$

7 (1) $5\dfrac{1}{2}+1\dfrac{7}{10}=5\dfrac{5}{10}+1\dfrac{7}{10}=6\dfrac{12}{10}$

  $=7\dfrac{\overset{1}{\cancel{2}}}{\underset{5}{\cancel{10}}}=7\dfrac{1}{5}$

  $\rightarrow 7\dfrac{1}{4}\left(=7\dfrac{5}{20}\right)>7\dfrac{1}{5}\left(=7\dfrac{4}{20}\right)$이므로

  $7\dfrac{1}{4}>5\dfrac{1}{2}+1\dfrac{7}{10}$

  (2) $4\dfrac{2}{3}-2\dfrac{5}{6}=4\dfrac{4}{6}-2\dfrac{5}{6}$

  $=3\dfrac{10}{6}-2\dfrac{5}{6}=1\dfrac{5}{6}$

  $\rightarrow 1\dfrac{5}{6}\left(=1\dfrac{10}{12}\right)>1\dfrac{3}{4}\left(=1\dfrac{9}{12}\right)$이므로

  $4\dfrac{2}{3}-2\dfrac{5}{6}>1\dfrac{3}{4}$

9 정민이가 생각하는 분수를 $\square$라고 하면

  $\square-1\dfrac{2}{7}=2\dfrac{1}{6}$이므로

  $\square=2\dfrac{1}{6}+1\dfrac{2}{7}=2\dfrac{7}{42}+1\dfrac{12}{42}=3\dfrac{19}{42}$

10 $3\dfrac{1}{2}+1\dfrac{5}{8}=3\dfrac{4}{8}+1\dfrac{5}{8}=4\dfrac{9}{8}=5\dfrac{1}{8}$

  따라서 $5\dfrac{1}{8}>\square$이므로 $\square$ 안에 들어갈 수 있

  는 자연수는 1, 2, 3, 4, 5로 모두 5개입니다.

11 대분수는 자연수 부분이 클수록 큰 수이므로

  $5\dfrac{5}{6}>2\dfrac{7}{9}>1\dfrac{3}{8}$입니다.

  따라서 가장 큰 수는 $5\dfrac{5}{6}$,

  가장 작은 수는 $1\dfrac{3}{8}$이므로 두 수의 차는

  $5\dfrac{5}{6}-1\dfrac{3}{8}=5\dfrac{20}{24}-1\dfrac{9}{24}=4\dfrac{11}{24}$ 입니다.

12 $4\dfrac{3}{10}>3\dfrac{6}{7}$이므로 찬우가 포도를

  $4\dfrac{3}{10}-3\dfrac{6}{7}=4\dfrac{21}{70}-3\dfrac{60}{70}$

  $=3\dfrac{91}{70}-3\dfrac{60}{70}=\dfrac{31}{70}$ (kg)

  더 많이 땄습니다.

미래엔 **환경 지킴이**

70쪽

분수의 곱셈

16 일차

개념 확인 72~73쪽

1 5, 5, 1, 2

2 **(1)** 2, 2   **(2)** 6, 18, 9, 2, 1

3 **(1)** 7, 3, 1   **(2)** 12, 8, 2, 2
   (3) 5, 1, 2   **(4)** 3, 12, 2, 2
   (5) 1, 9, 2, 1

기본 다지기 74~75쪽

1 **방법①** $\dfrac{5}{8} \times 2 = \dfrac{5 \times 2}{8} = \dfrac{\overset{5}{\cancel{10}}}{\underset{4}{\cancel{8}}}$

$= \dfrac{5}{4} = 1\dfrac{1}{4}$

방법② $\dfrac{5}{8} \times 2 = \dfrac{5 \times \overset{1}{\cancel{2}}}{\underset{4}{\cancel{8}}} = \dfrac{5}{4} = 1\dfrac{1}{4}$

방법③ $\dfrac{5}{\underset{4}{\cancel{8}}} \times \overset{1}{\cancel{2}} = \dfrac{5}{4} = 1\dfrac{1}{4}$

2 **(1)** $\dfrac{2}{5}$ **(2)** $\dfrac{3}{5}$

  (3) $\dfrac{5}{7}$ **(4)** $1\dfrac{1}{3}$

  (5) $2\dfrac{3}{4}$ **(6)** $9\dfrac{1}{3}$

  (7) $6\dfrac{3}{7}$ **(8)** $11\dfrac{1}{4}$

3 $4\dfrac{4}{5}$ / $2\dfrac{4}{5}$

4 **(1)** $2\dfrac{4}{7}$ **(2)** $5\dfrac{5}{6}$

5 3, 1, 2

6 $\dfrac{4}{9} \times 7 = 3\dfrac{1}{9}$ / $3\dfrac{1}{9}$

---

2 **(1)** $\dfrac{1}{5} \times 2 = \dfrac{2}{5}$

  (2) $\dfrac{3}{\underset{5}{\cancel{10}}} \times \overset{1}{\cancel{2}} = \dfrac{3}{5}$

  (3) $\dfrac{5}{\underset{7}{\cancel{21}}} \times \overset{1}{\cancel{3}} = \dfrac{5}{7}$

  (4) $\dfrac{4}{\underset{3}{\cancel{15}}} \times \overset{1}{\cancel{5}} = \dfrac{4}{3} = 1\dfrac{1}{3}$

  (5) $\dfrac{11}{\underset{4}{\cancel{24}}} \times \overset{1}{\cancel{6}} = \dfrac{11}{4} = 2\dfrac{3}{4}$

  (6) $\dfrac{7}{\underset{3}{\cancel{12}}} \times \overset{4}{\cancel{16}} = \dfrac{28}{3} = 9\dfrac{1}{3}$

  (7) $\dfrac{9}{\underset{7}{\cancel{14}}} \times \overset{5}{\cancel{10}} = \dfrac{45}{7} = 6\dfrac{3}{7}$

  (8) $\dfrac{15}{\underset{4}{\cancel{28}}} \times \overset{3}{\cancel{21}} = \dfrac{45}{4} = 11\dfrac{1}{4}$

3   • $\dfrac{3}{5} \times 8 = \dfrac{24}{5} = 4\dfrac{4}{5}$

   • $\dfrac{7}{\underset{5}{\cancel{30}}} \times \overset{2}{\cancel{12}} = \dfrac{14}{5} = 2\dfrac{4}{5}$

4 **(1)** $\dfrac{2}{7} \times 9 = \dfrac{18}{7} = 2\dfrac{4}{7}$

  (2) $\dfrac{7}{\underset{6}{\cancel{12}}} \times \overset{5}{\cancel{10}} = \dfrac{35}{6} = 5\dfrac{5}{6}$

5   • $\dfrac{2}{\underset{1}{\cancel{3}}} \times \overset{2}{\cancel{6}} = 4$ • $\dfrac{4}{\underset{1}{\cancel{5}}} \times \overset{3}{\cancel{15}} = 12$

   • $\dfrac{5}{\underset{1}{\cancel{9}}} \times \overset{2}{\cancel{18}} = 10$

  → $12 > 10 > 4$

6 (7개의 병에 들어 있는 딸기잼의 무게)
   =(한 병에 들어 있는 딸기잼의 무게)
      ×(병의 수)
   $= \dfrac{4}{9} \times 7 = \dfrac{28}{9} = 3\dfrac{1}{9}$ (kg)

개념 확인 76~77쪽

1 (1) 15, 7, 1
   (2) 16, 16, 32, 6, 2
   (3) 11, 11, 2, 3
   (4) 7, 4, 7, 2, 14, 4, 2

2 (1) 8, 4, 8, 4
   (2) 2, 14, 4, 18
   (3) 5, 5, 6, 1, 2, 7, 2
   (4) 3, 3, 6, 3 / 6, 1, 1, 7, 1

기본 다지기 78~79쪽

1 (1) $\dfrac{11}{\overset{}{10}} \times \overset{1}{\cancel{5}} = \dfrac{11}{2} = 5\dfrac{1}{2}$

   (2) $\dfrac{19}{\underset{2}{\cancel{8}}} \times \overset{1}{\cancel{4}} = \dfrac{19}{2} = 9\dfrac{1}{2}$

2 (1) $2 \times 3 + \dfrac{3}{4} \times 3 = 6 + \dfrac{9}{4}$
   $= 6 + 2\dfrac{1}{4} = 8\dfrac{1}{4}$

   (2) $3 \times 7 + \dfrac{1}{6} \times 7 = 21 + \dfrac{7}{6}$
   $= 21 + 1\dfrac{1}{6} = 22\dfrac{1}{6}$

3 (1) 30 (2) $3\dfrac{1}{4}$

   (3) $16\dfrac{2}{3}$ (4) $6\dfrac{4}{7}$

   (5) $26\dfrac{1}{4}$ (6) $55\dfrac{1}{2}$

4 [교차 연결선]

5 = **6** $32\dfrac{2}{5}$

7 $1\dfrac{7}{9} \times 15 = 26\dfrac{2}{3}$ / $26\dfrac{2}{3}$

3 (1) $3\dfrac{1}{3} \times 9 = \dfrac{10}{\underset{1}{\cancel{3}}} \times \overset{3}{\cancel{9}} = 30$

   (2) $1\dfrac{5}{8} \times 2 = \dfrac{13}{\underset{4}{\cancel{8}}} \times \overset{1}{\cancel{2}} = \dfrac{13}{4} = 3\dfrac{1}{4}$

   (3) $2\dfrac{7}{9} \times 6 = \dfrac{25}{\underset{3}{\cancel{9}}} \times \overset{2}{\cancel{6}} = \dfrac{50}{3} = 16\dfrac{2}{3}$

   (4) $2\dfrac{4}{21} \times 3 = \dfrac{46}{\underset{7}{\cancel{21}}} \times \overset{1}{\cancel{3}} = \dfrac{46}{7} = 6\dfrac{4}{7}$

   (5) $1\dfrac{5}{16} \times 20 = \dfrac{21}{\underset{4}{\cancel{16}}} \times \overset{5}{\cancel{20}} = \dfrac{105}{4} = 26\dfrac{1}{4}$

   (6) $3\dfrac{7}{10} \times 15 = \dfrac{37}{\underset{2}{\cancel{10}}} \times \overset{3}{\cancel{15}} = \dfrac{111}{2} = 55\dfrac{1}{2}$

4 • $6\dfrac{3}{4} \times 2 = \dfrac{27}{\underset{2}{\cancel{4}}} \times \overset{1}{\cancel{2}} = \dfrac{27}{2} = 13\dfrac{1}{2}$

   • $2\dfrac{1}{10} \times 6 = \dfrac{21}{\underset{5}{\cancel{10}}} \times \overset{3}{\cancel{6}} = \dfrac{63}{5} = 12\dfrac{3}{5}$

   • $1\dfrac{7}{24} \times 16 = \dfrac{31}{\underset{3}{\cancel{24}}} \times \overset{2}{\cancel{16}} = \dfrac{62}{3} = 20\dfrac{2}{3}$

5 • $3\dfrac{11}{18} \times 6 = \dfrac{65}{\underset{3}{\cancel{18}}} \times \overset{1}{\cancel{6}} = \dfrac{65}{3} = 21\dfrac{2}{3}$

   • $5\dfrac{5}{12} \times 4 = \dfrac{65}{\underset{3}{\cancel{12}}} \times \overset{1}{\cancel{4}} = \dfrac{65}{3} = 21\dfrac{2}{3}$

6 $8\dfrac{1}{10} > 6 > 5\dfrac{2}{5} > 4$이므로 가장 큰 수는

$8\dfrac{1}{10}$, 가장 작은 수는 4입니다.

→ $8\dfrac{1}{10} \times 4 = \dfrac{81}{\underset{5}{\cancel{10}}} \times \overset{2}{\cancel{4}} = \dfrac{162}{5} = 32\dfrac{2}{5}$

7 (상자 15개를 포장하는 데 필요한 리본의 길이)
   = (상자 한 개를 포장하는 데 필요한 리본의
   길이) × (상자의 수)

$= 1\dfrac{7}{9} \times 15 = \dfrac{16}{\underset{3}{\cancel{9}}} \times \overset{5}{\cancel{15}}$

$= \dfrac{80}{3} = 26\dfrac{2}{3}$ (m)

개념 확인

80~81쪽

1 9, 1, 9, 3

2 (1) 1, 1 (2) 5, 20, 4, 1, 1

3 (1) 10, 3, 1 (2) 9, 12, 2, 2
   (3) 27, 2, 7 (4) 3, 15, 7, 1

기본 다지기

82~83쪽

1 방법① $10 \times \dfrac{3}{8} = \dfrac{10 \times 3}{8} = \dfrac{\overset{15}{\cancel{30}}}{\underset{4}{\cancel{8}}}$

$= \dfrac{15}{4} = 3\dfrac{3}{4}$

방법② $10 \times \dfrac{3}{8} = \dfrac{\overset{5}{\cancel{10}} \times 3}{\underset{4}{\cancel{8}}}$

$= \dfrac{15}{4} = 3\dfrac{3}{4}$

방법③ $\overset{5}{\cancel{10}} \times \dfrac{3}{\underset{4}{\cancel{8}}} = \dfrac{15}{4} = 3\dfrac{3}{4}$

2 (1) 4 (2) $2\dfrac{6}{7}$

(3) $7\dfrac{1}{2}$ (4) $2\dfrac{2}{3}$

(5) $4\dfrac{1}{2}$ (6) $4\dfrac{2}{3}$

(7) $6\dfrac{1}{9}$ (8) $1\dfrac{5}{7}$

3 (1) $1\dfrac{2}{3}$ (2) 8

4 $12 \times \dfrac{3}{4}$에 색칠

5 $15 \times \dfrac{1}{12}$에 ○표

6 $14 \times \dfrac{2}{7} = 4$ / 4

---

2 (1) $\overset{2}{\cancel{6}} \times \dfrac{2}{\underset{1}{\cancel{3}}} = 4$ (2) $4 \times \dfrac{5}{7} = \dfrac{20}{7} = 2\dfrac{6}{7}$

(3) $\overset{3}{\cancel{9}} \times \dfrac{5}{\underset{2}{\cancel{6}}} = \dfrac{15}{2} = 7\dfrac{1}{2}$

(4) $\overset{4}{\cancel{12}} \times \dfrac{2}{\underset{3}{\cancel{9}}} = \dfrac{8}{3} = 2\dfrac{2}{3}$

(5) $\overset{1}{\cancel{5}} \times \dfrac{9}{\underset{2}{\cancel{10}}} = \dfrac{9}{2} = 4\dfrac{1}{2}$

(6) $\overset{2}{\cancel{8}} \times \dfrac{7}{\underset{3}{\cancel{12}}} = \dfrac{14}{3} = 4\dfrac{2}{3}$

(7) $\overset{5}{\cancel{10}} \times \dfrac{11}{\underset{9}{\cancel{18}}} = \dfrac{55}{9} = 6\dfrac{1}{9}$

(8) $\overset{4}{\cancel{16}} \times \dfrac{3}{\underset{7}{\cancel{28}}} = \dfrac{12}{7} = 1\dfrac{5}{7}$

3 (1) $\overset{1}{\cancel{4}} \times \dfrac{5}{\underset{3}{\cancel{12}}} = \dfrac{5}{3} = 1\dfrac{2}{3}$ (2) $\overset{2}{\cancel{18}} \times \dfrac{4}{\underset{1}{\cancel{9}}} = 8$

4 • $8 \times \dfrac{2}{3} = \dfrac{16}{3} = 5\dfrac{1}{3}$

• $\overset{5}{\cancel{10}} \times \dfrac{5}{\underset{3}{\cancel{6}}} = \dfrac{25}{3} = 8\dfrac{1}{3}$ • $\overset{3}{\cancel{12}} \times \dfrac{3}{\underset{1}{\cancel{4}}} = 9$

5 • $\overset{3}{\cancel{18}} \times \dfrac{7}{\underset{4}{\cancel{24}}} = \dfrac{21}{4} = 5\dfrac{1}{4}$

• $\overset{4}{\cancel{20}} \times \dfrac{2}{\underset{3}{\cancel{15}}} = \dfrac{8}{3} = 2\dfrac{2}{3}$

• $\overset{5}{\cancel{15}} \times \dfrac{1}{\underset{4}{\cancel{12}}} = \dfrac{5}{4} = 1\dfrac{1}{4}$

따라서 $1\dfrac{1}{4} < 2\dfrac{2}{3} < 5\dfrac{1}{4}$이므로 계산 결과가

가장 작은 곱셈식은 $15 \times \dfrac{1}{12}$입니다.

6 (먹은 초콜릿의 수)

= (처음에 있던 초콜릿의 수) $\times \dfrac{2}{7}$

$= \overset{2}{\cancel{14}} \times \dfrac{2}{\underset{1}{\cancel{7}}} = 4$(개)

개념확인   84~85쪽

1 (1) 12, 2, 2   (2) 7, 7, 28, 9, 1
  (3) 11, 11, 5, 1
  (4) 6, 13, 39, 7, 4

2 (1) 2, 6, 2, 6   (2) 2, 6, 4, 10
  (3) 5, 10, 3, 1, 11, 1
  (4) 2, 1, 18, 3 / 18, 1, 1, 19, 1

기본 다지기   86~87쪽

1 (1) $\overset{1}{3} \times \dfrac{19}{\underset{3}{9}} = \dfrac{19}{3} = 6\dfrac{1}{3}$

  (2) $\overset{2}{4} \times \dfrac{11}{\underset{3}{6}} = \dfrac{22}{3} = 7\dfrac{1}{3}$

2 (1) $3 \times 2 + 3 \times \dfrac{1}{4} = 6 + \dfrac{3}{4} = 6\dfrac{3}{4}$

  (2) $4 \times 1 + 4 \times \dfrac{7}{9} = 4 + \dfrac{28}{9}$
  $= 4 + 3\dfrac{1}{9} = 7\dfrac{1}{9}$

3 (1) $13\dfrac{1}{3}$ (2) 28

  (3) $10\dfrac{1}{2}$ (4) $18\dfrac{3}{4}$

  (5) 38   (6) $20\dfrac{5}{7}$

4 $6 \times 1\dfrac{7}{10}$, $6 \times 3\dfrac{2}{7}$에 ◯표 /

  $6 \times \dfrac{1}{5}$, $6 \times \dfrac{3}{8}$에 △표

5 석호   6 >

7 $3 \times 2\dfrac{4}{9} = 7\dfrac{1}{3}$ / $7\dfrac{1}{3}$

3 (1) $5 \times 2\dfrac{2}{3} = 5 \times \dfrac{8}{3} = \dfrac{40}{3} = 13\dfrac{1}{3}$

  (2) $8 \times 3\dfrac{1}{2} = \overset{4}{8} \times \dfrac{7}{\underset{1}{2}} = 28$

  (3) $6 \times 1\dfrac{3}{4} = \overset{3}{6} \times \dfrac{7}{\underset{2}{4}} = \dfrac{21}{2} = 10\dfrac{1}{2}$

  (4) $9 \times 2\dfrac{1}{12} = \overset{3}{9} \times \dfrac{25}{\underset{4}{12}} = \dfrac{75}{4} = 18\dfrac{3}{4}$

  (5) $10 \times 3\dfrac{4}{5} = \overset{2}{10} \times \dfrac{19}{\underset{1}{5}} = 38$

  (6) $15 \times 1\dfrac{8}{21} = \overset{5}{15} \times \dfrac{29}{\underset{7}{21}}$
  $= \dfrac{145}{7} = 20\dfrac{5}{7}$

4 곱하는 수가 1보다 크면 계산 결과는 곱해지는 수보다 크고, 곱하는 수가 1보다 작으면 계산 결과는 곱해지는 수보다 작습니다.

  따라서 계산 결과가 6보다 큰 것은 $6 \times 1\dfrac{7}{10}$, $6 \times 3\dfrac{2}{7}$이고, 계산 결과가 6보다 작은 것은 $6 \times \dfrac{1}{5}$, $6 \times \dfrac{3}{8}$입니다.

다른 풀이 • $6 \times \dfrac{1}{5} = \dfrac{6}{5} = 1\dfrac{1}{5} < 6$

  • $6 \times 1 = 6$

  • $6 \times 1\dfrac{7}{10} = \overset{3}{6} \times \dfrac{17}{\underset{5}{10}} = \dfrac{51}{5} = 10\dfrac{1}{5} > 6$

  • $6 \times 3\dfrac{2}{7} = 6 \times \dfrac{23}{7} = \dfrac{138}{7} = 19\dfrac{5}{7} > 6$

  • $\overset{3}{6} \times \dfrac{3}{\underset{4}{8}} = \dfrac{9}{4} = 2\dfrac{1}{4} < 6$

5 석호: $4 \times 2\dfrac{1}{5} = 4 \times \dfrac{11}{5} = \dfrac{44}{5} = 8\dfrac{4}{5}$

  지현: $3 \times 1\dfrac{1}{9} = \overset{1}{3} \times \dfrac{10}{\underset{3}{9}} = \dfrac{10}{3} = 3\dfrac{1}{3}$

  따라서 잘못 계산한 친구는 석호입니다.

6 • $2 \times 3\frac{3}{4} = 2 \times \frac{\overset{1}{15}}{\underset{2}{4}} = \frac{15}{2} = 7\frac{1}{2}$

• $5 \times 1\frac{2}{7} = 5 \times \frac{9}{7} = \frac{45}{7} = 6\frac{3}{7}$

따라서 $7\frac{1}{2} > 6\frac{3}{7}$ 이므로

$2 \times 3\frac{3}{4} > 5 \times 1\frac{2}{7}$ 입니다.

7 (꽃밭의 넓이)

= (가로) × (세로)

$= 3 \times 2\frac{4}{9} = \overset{1}{3} \times \frac{22}{\underset{3}{9}} = \frac{22}{3} = 7\frac{1}{3}$ (m²)

88~89쪽

20 일차

개념 확인

1 **(1)** 1, 15　　　　**(2)** 1, 36

(3) $\frac{1}{7} \times \frac{1}{7} = \frac{1}{7 \times 7} = \frac{1}{49}$

(4) $\frac{1}{2} \times \frac{1}{15} = \frac{1}{2 \times 15} = \frac{1}{30}$

(5) 1, 32　　　　**(6)** 1, 35

(7) 1, 60　　　　**(8)** 1, 88

2 **(1)** 5, 14　　　　**(2)** 10, 27

(3) $\frac{4}{5} \times \frac{2}{3} = \frac{4 \times 2}{5 \times 3} = \frac{8}{15}$

(4) $\frac{5}{8} \times \frac{4}{7} = \frac{5 \times \overset{1}{4}}{\underset{2}{8} \times 7} = \frac{5}{14}$

(5) 9, 35　　　　**(6)** $\frac{5}{\underset{2}{6}} \times \frac{\overset{1}{3}}{4} = \frac{5}{8}$

(7) $\frac{7}{\underset{3}{12}} \times \frac{\overset{2}{8}}{9} = \frac{14}{27}$

(8) $\frac{\overset{1}{9}}{\underset{2}{14}} \times \frac{\overset{1}{7}}{\underset{2}{18}} = \frac{1}{4}$

90~91쪽

기본 다지기

1 **방법①** $\frac{5}{6} \times \frac{8}{9} = \frac{5 \times 8}{6 \times 9}$

$= \frac{\overset{20}{40}}{\underset{27}{54}} = \frac{20}{27}$

방법② $\frac{5}{6} \times \frac{8}{9} = \frac{5 \times \overset{4}{8}}{\underset{3}{6} \times 9} = \frac{20}{27}$

방법③ $\frac{5}{\underset{3}{6}} \times \frac{\overset{4}{8}}{9} = \frac{20}{27}$

2 **(1)** $\frac{1}{18}$　　　　**(2)** $\frac{1}{28}$

(3) $\frac{14}{25}$　　　　**(4)** $\frac{4}{33}$

(5) $\frac{1}{36}$　　　　**(6)** $\frac{4}{5}$

(7) $\frac{3}{16}$　　　　**(8)** $\frac{1}{12}$

3 **(1)** >　　　　**(2)** <

4 **(1)** $\frac{3}{8}$　　　　**(2)** $\frac{18}{25}$

5 $\frac{1}{10}$, $\frac{1}{16}$

6 $\frac{6}{7} \times \frac{2}{9} = \frac{4}{21}$ / $\frac{4}{21}$

2 **(1)** $\frac{1}{3} \times \frac{1}{6} = \frac{1}{18}$　　**(2)** $\frac{1}{4} \times \frac{1}{7} = \frac{1}{28}$

(3) $\frac{\overset{2}{4}}{5} \times \frac{7}{\underset{5}{10}} = \frac{14}{25}$　　**(4)** $\frac{2}{3} \times \frac{2}{11} = \frac{4}{33}$

(5) $\frac{1}{\underset{4}{8}} \times \frac{\overset{1}{2}}{9} = \frac{1}{36}$　　**(6)** $\frac{\overset{2}{6}}{7} \times \frac{\overset{2}{14}}{\underset{5}{15}} = \frac{4}{5}$

(7) $\frac{\overset{1}{5}}{\underset{4}{12}} \times \frac{\overset{3}{9}}{\underset{4}{20}} = \frac{3}{16}$

(8) $\frac{\overset{1}{11}}{\underset{6}{18}} \times \frac{\overset{1}{3}}{\underset{2}{22}} = \frac{1}{12}$

3 (1) 어떤 수에 진분수를 곱하면 곱한 결과는 어떤 수보다 작습니다.

→ $\dfrac{1}{5} > \dfrac{1}{5} \times \dfrac{1}{6}$

(2) 곱해지는 수가 같을 때 곱하는 수가 클수록 계산 결과가 더 큽니다.

→ $\dfrac{8}{9} \times \dfrac{1}{7} < \dfrac{8}{9} \times \dfrac{1}{3}$

다른풀이 (1) $\dfrac{1}{5} \times \dfrac{1}{6} = \dfrac{1}{30}$

→ $\dfrac{1}{5} > \dfrac{1}{30}$ 이므로 $\dfrac{1}{5} > \dfrac{1}{5} \times \dfrac{1}{6}$

(2) • $\dfrac{8}{9} \times \dfrac{1}{7} = \dfrac{8}{63}$　• $\dfrac{8}{9} \times \dfrac{1}{3} = \dfrac{8}{27}$

→ $\dfrac{8}{63} < \dfrac{8}{27}$ 이므로 $\dfrac{8}{9} \times \dfrac{1}{7} < \dfrac{8}{9} \times \dfrac{1}{3}$

4 (1) $\dfrac{\overset{1}{\cancel{5}}}{\underset{4}{\cancel{12}}} \times \dfrac{\overset{3}{\cancel{9}}}{\underset{2}{\cancel{10}}} = \dfrac{3}{8}$　(2) $\dfrac{6}{\underset{1}{\cancel{7}}} \times \dfrac{\overset{3}{\cancel{21}}}{25} = \dfrac{18}{25}$

5 $\dfrac{1}{2} \times \dfrac{1}{5} = \dfrac{1}{10}$, $\dfrac{1}{\underset{2}{\cancel{10}}} \times \dfrac{\overset{1}{\cancel{5}}}{8} = \dfrac{1}{16}$

6 (카레를 만드는 데 사용한 감자의 무게)

$= \dfrac{\overset{2}{\cancel{6}}}{7} \times \dfrac{2}{\underset{3}{\cancel{9}}} = \dfrac{4}{21}$ (kg)

21 일차

개념 확인

92~93쪽

1 (1) 28, 1, 13　　(2) 20, 2, 6

(3) 7, 8, 28, 9, 1, 3

(4) $2\dfrac{1}{6} \times 1\dfrac{3}{7} = \dfrac{13}{6} \times \dfrac{10}{7} = \dfrac{65}{21}$

$= 3\dfrac{2}{21}$

2 (1) 10, 1, 5 / 2, 1, 5

(2) $1\dfrac{5}{9} \times 1\dfrac{4}{7} = 1\dfrac{5}{9} \times 1 + 1\dfrac{5}{9} \times \dfrac{4}{7}$

$= 1\dfrac{5}{9} + \dfrac{14}{9} \times \dfrac{4}{7}$

$= 1\dfrac{5}{9} + \dfrac{8}{9}$

$= 1\dfrac{13}{9} = 2\dfrac{4}{9}$

기본 다지기

94~95쪽

1 (1) $\dfrac{9}{4} \times \dfrac{5}{2} = \dfrac{45}{8} = 5\dfrac{5}{8}$

(2) $\dfrac{8}{5} \times \dfrac{8}{7} = \dfrac{64}{35} = 1\dfrac{29}{35}$

2 (1) $3\dfrac{1}{2} \times 2 + 3\dfrac{1}{2} \times \dfrac{2}{9}$

$= \dfrac{7}{\underset{1}{\cancel{2}}} \times \overset{1}{\cancel{2}} + \dfrac{7}{\underset{1}{\cancel{2}}} \times \dfrac{\overset{1}{\cancel{2}}}{9}$

$= 7 + \dfrac{7}{9} = 7\dfrac{7}{9}$

(2) $1\dfrac{3}{4} \times 4 + 1\dfrac{3}{4} \times \dfrac{1}{7}$

$= \dfrac{7}{\underset{1}{\cancel{4}}} \times \overset{1}{\cancel{4}} + \dfrac{\overset{1}{\cancel{7}}}{4} \times \dfrac{1}{\underset{1}{\cancel{7}}}$

$= 7 + \dfrac{1}{4} = 7\dfrac{1}{4}$

3 (1) $1\dfrac{6}{7}$　　(2) 3

(3) 8　　(4) $5\dfrac{5}{6}$

(5) $5\dfrac{1}{4}$　　(6) 10

4 6

5 (예) $\dfrac{\overset{4}{\cancel{32}}}{9} \times \dfrac{19}{\underset{1}{\cancel{8}}} = \dfrac{76}{9} = 8\dfrac{4}{9}$

6 ⓒ, ⓛ, ⓐ

7 $3\dfrac{1}{3} \times 3\dfrac{1}{3} = 11\dfrac{1}{9}$ / $11\dfrac{1}{9}$

3 **(1)** $1\dfrac{3}{7} \times 1\dfrac{3}{10} = \dfrac{\overset{1}{10}}{7} \times \dfrac{13}{\underset{1}{10}} = \dfrac{13}{7} = 1\dfrac{6}{7}$

(2) $1\dfrac{7}{8} \times 1\dfrac{3}{5} = \dfrac{\overset{3}{15}}{\underset{1}{8}} \times \dfrac{\overset{1}{8}}{\underset{1}{5}} = 3$

(3) $2\dfrac{2}{5} \times 3\dfrac{1}{3} = \dfrac{\overset{4}{12}}{\underset{1}{5}} \times \dfrac{\overset{2}{10}}{\underset{1}{3}} = 8$

(4) $2\dfrac{2}{9} \times 2\dfrac{5}{8} = \dfrac{\overset{5}{20}}{9} \times \dfrac{\overset{7}{21}}{\underset{2}{8}} = \dfrac{35}{6} = 5\dfrac{5}{6}$

(5) $4\dfrac{1}{2} \times 1\dfrac{1}{6} = \dfrac{9}{2} \times \dfrac{\overset{3}{7}}{\underset{2}{6}} = \dfrac{21}{4} = 5\dfrac{1}{4}$

(6) $7\dfrac{1}{3} \times 1\dfrac{4}{11} = \dfrac{\overset{2}{22}}{\underset{1}{3}} \times \dfrac{\overset{5}{15}}{\underset{1}{11}} = 10$

4 $\left(4\dfrac{1}{8}\text{의 }1\dfrac{5}{11}\text{배인 수}\right) = 4\dfrac{1}{8} \times 1\dfrac{5}{11}$

$= \dfrac{\overset{3}{33}}{\underset{1}{8}} \times \dfrac{\overset{2}{16}}{\underset{1}{11}} = 6$

5 대분수를 가분수로 바꾸지 않고 약분하여 잘못
되었습니다.

6 ㉠ $2\dfrac{2}{5} \times 1\dfrac{5}{8} = \dfrac{\overset{3}{12}}{5} \times \dfrac{13}{\underset{2}{8}} = \dfrac{39}{10} = 3\dfrac{9}{10}$

㉡ $1\dfrac{7}{8} \times 3\dfrac{1}{9} = \dfrac{\overset{5}{15}}{\underset{2}{8}} \times \dfrac{\overset{7}{28}}{\underset{3}{9}}$

$= \dfrac{35}{6} = 5\dfrac{5}{6}\left(=5\dfrac{50}{60}\right)$

㉢ $2\dfrac{7}{10} \times 2\dfrac{1}{6} = \dfrac{\overset{9}{27}}{10} \times \dfrac{13}{\underset{2}{6}}$

$= \dfrac{117}{20} = 5\dfrac{17}{20}\left(=5\dfrac{51}{60}\right)$

따라서 $5\dfrac{17}{20} > 5\dfrac{5}{6} > 3\dfrac{9}{10}$ 이므로 계산 결
과가 큰 것부터 차례로 기호를 쓰면 ㉢, ㉡,
㉠입니다.

7 (채소밭의 넓이)
$=$ (한 변의 길이) $\times$ (한 변의 길이)

$= 3\dfrac{1}{3} \times 3\dfrac{1}{3} = \dfrac{10}{3} \times \dfrac{10}{3}$

$= \dfrac{100}{9} = 11\dfrac{1}{9} \ (\text{m}^2)$

개념 확인 96~97쪽

1 방법① $\dfrac{2}{5} \times \dfrac{3}{8} \times \dfrac{5}{7}$

$= \left(\dfrac{2}{5} \times \dfrac{\overset{1}{3}}{\underset{4}{8}}\right) \times \dfrac{5}{7}$

$= \dfrac{3}{\underset{4}{20}} \times \dfrac{\overset{1}{5}}{7} = \dfrac{3}{28}$

방법② $\dfrac{2}{5} \times \dfrac{3}{8} \times \dfrac{5}{7}$

$= \dfrac{2}{5} \times \left(\dfrac{3}{8} \times \dfrac{5}{7}\right)$

$= \dfrac{\overset{1}{2}}{\underset{1}{5}} \times \dfrac{\overset{3}{15}}{\underset{28}{56}} = \dfrac{3}{28}$

방법③ $\dfrac{2}{5} \times \dfrac{3}{8} \times \dfrac{5}{7} = \dfrac{2 \times 3 \times \overset{1}{5}}{\underset{1}{5} \times \underset{4}{8} \times 7}$

$= \dfrac{3}{28}$

2 **(1)** 9, 9, 9, 77

(2) $\dfrac{9}{14} \times 1\dfrac{2}{3} \times \dfrac{7}{8} = \dfrac{9}{14} \times \dfrac{5}{3} \times \dfrac{7}{8}$

$= \dfrac{\overset{3}{9} \times 5 \times \overset{1}{7}}{\underset{2}{14} \times \underset{1}{3} \times 8}$

$= \dfrac{15}{16}$

(3) $3 \times \dfrac{5}{9} \times \dfrac{5}{8} = \dfrac{3}{1} \times \dfrac{5}{9} \times \dfrac{5}{8}$

$= \dfrac{\overset{1}{3} \times 5 \times 5}{1 \times \underset{3}{9} \times 8} = \dfrac{25}{24}$

$= 1\dfrac{1}{24}$

1 방법① $\dfrac{3}{4} \times \dfrac{5}{6} \times \dfrac{3}{10}$

$$= \left(\dfrac{\overset{1}{\cancel{3}}}{4} \times \dfrac{5}{\underset{2}{\cancel{6}}} \right) \times \dfrac{3}{10}$$

$$= \dfrac{\overset{1}{\cancel{5}}}{8} \times \dfrac{3}{\underset{2}{\cancel{10}}} = \dfrac{3}{16}$$

방법② $\dfrac{3}{4} \times \dfrac{5}{6} \times \dfrac{3}{10}$

$$= \dfrac{3}{4} \times \left(\dfrac{\overset{1}{\cancel{5}}}{\underset{2}{\cancel{6}}} \times \dfrac{\overset{1}{\cancel{3}}}{\underset{2}{\cancel{10}}} \right)$$

$$= \dfrac{3}{4} \times \dfrac{1}{4} = \dfrac{3}{16}$$

방법③ $\dfrac{3}{4} \times \dfrac{5}{6} \times \dfrac{3}{10}$

$$= \dfrac{\overset{1}{\cancel{3}} \times \overset{1}{\cancel{5}} \times 3}{4 \times \underset{2}{\cancel{6}} \times \underset{2}{\cancel{10}}} = \dfrac{3}{16}$$

2 (1) $\dfrac{5}{64}$ (2) $\dfrac{6}{35}$

(3) $\dfrac{10}{81}$ (4) $\dfrac{1}{16}$

(5) $\dfrac{14}{25}$ (6) $1\dfrac{1}{2}$

(7) $3\dfrac{1}{2}$ (8) $12\dfrac{1}{2}$

3 $\dfrac{1}{20}$ **4** $\dfrac{1}{2}, \dfrac{32}{45}, \dfrac{1}{4}$

5 $<$

6 $12 \times \dfrac{2}{5} \times \dfrac{1}{3} = 1\dfrac{3}{5}$ / $1\dfrac{3}{5}$

2 (1) $\dfrac{1}{2} \times \dfrac{1}{4} \times \dfrac{5}{8} = \dfrac{1 \times 1 \times 5}{2 \times 4 \times 8} = \dfrac{5}{64}$

(2) $\dfrac{1}{2} \times \dfrac{4}{5} \times \dfrac{3}{7} = \dfrac{1 \times \overset{2}{\cancel{4}} \times 3}{2 \times 5 \times 7} = \dfrac{6}{35}$

(3) $\dfrac{2}{3} \times \dfrac{5}{6} \times \dfrac{2}{9} = \dfrac{2 \times 5 \times 2}{3 \times \underset{3}{\cancel{6}} \times 9} = \dfrac{10}{81}$

(4) $1\dfrac{1}{2} \times \dfrac{1}{6} \times \dfrac{1}{4} = \dfrac{3}{2} \times \dfrac{1}{6} \times \dfrac{1}{4}$

$$= \dfrac{3 \times 1 \times 1}{2 \times \underset{2}{\cancel{6}} \times 4}$$

$$= \dfrac{1}{16}$$

(5) $\dfrac{1}{3} \times 2\dfrac{2}{5} \times \dfrac{7}{10} = \dfrac{1}{3} \times \dfrac{12}{5} \times \dfrac{7}{10}$

$$= \dfrac{1 \times \overset{\overset{2}{\cancel{4}}}{\cancel{12}} \times 7}{\underset{1}{\cancel{3}} \times 5 \times \underset{5}{\cancel{10}}}$$

$$= \dfrac{14}{25}$$

(6) $2 \times \dfrac{6}{7} \times \dfrac{7}{8} = \dfrac{2}{1} \times \dfrac{6}{7} \times \dfrac{7}{8}$

$$= \dfrac{\overset{1}{\cancel{2}} \times \overset{3}{\cancel{6}} \times \overset{1}{\cancel{7}}}{1 \times \underset{1}{\cancel{7}} \times \underset{\underset{2}{\cancel{4}}}{\cancel{8}}}$$

$$= \dfrac{3}{2} = 1\dfrac{1}{2}$$

(7) $\dfrac{3}{4} \times 8 \times \dfrac{7}{12} = \dfrac{3}{4} \times \dfrac{8}{1} \times \dfrac{7}{12}$

$$= \dfrac{\overset{1}{\cancel{3}} \times \overset{\overset{2}{\cancel{2}}}{\cancel{8}} \times 7}{\underset{1}{\cancel{4}} \times 1 \times \underset{\underset{2}{\cancel{4}}}{\cancel{12}}}$$

$$= \dfrac{7}{2} = 3\dfrac{1}{2}$$

(8) $\dfrac{5}{9} \times 1\dfrac{7}{8} \times 12 = \dfrac{5}{9} \times \dfrac{15}{8} \times \dfrac{12}{1}$

$$= \dfrac{5 \times \overset{5}{\cancel{15}} \times \overset{\overset{1}{\cancel{3}}}{\cancel{12}}}{\underset{\underset{1}{\cancel{3}}}{\cancel{9}} \times \underset{2}{\cancel{8}} \times 1}$$

$$= \dfrac{25}{2} = 12\dfrac{1}{2}$$

3 $\dfrac{4}{15} \times \dfrac{1}{3} \times \dfrac{9}{16} = \dfrac{\overset{1}{\cancel{4}} \times 1 \times \overset{3}{\cancel{9}}}{\underset{5}{\cancel{15}} \times \underset{1}{\cancel{3}} \times \underset{4}{\cancel{16}}} = \dfrac{1}{20}$

4 $\cdot \dfrac{6}{7} \times \dfrac{8}{9} \times \dfrac{14}{15} = \dfrac{6 \times 8 \times \overset{2}{\cancel{14}}}{\underset{1}{\cancel{7}} \times \underset{3}{\cancel{9}} \times 15} = \dfrac{32}{45}$

$\cdot 1\dfrac{1}{3}\times\dfrac{1}{2}\times\dfrac{3}{8}=\dfrac{4}{3}\times\dfrac{1}{2}\times\dfrac{3}{8}$

$\qquad\qquad=\dfrac{\overset{2}{\cancel{4}}\times 1\times\overset{1}{\cancel{3}}}{\underset{1}{\cancel{3}}\times\underset{1}{\cancel{2}}\times\underset{4}{\cancel{8}}}=\dfrac{1}{4}$

$\cdot 2\times\dfrac{9}{10}\times\dfrac{5}{18}=\dfrac{2}{1}\times\dfrac{9}{10}\times\dfrac{5}{18}$

$\qquad\qquad=\dfrac{2\times 9\times 5}{1\times\underset{5}{\cancel{10}}\times\underset{2}{\cancel{18}}}{\overset{1}{\ }}=\dfrac{1}{2}$

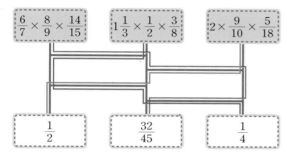

5 $\cdot 3\dfrac{1}{5}\times 6\times\dfrac{1}{10}=\dfrac{16}{5}\times\dfrac{6}{1}\times\dfrac{1}{10}$

$\qquad\qquad=\dfrac{16\times 6\times 1}{5\times 1\times\underset{5}{\cancel{10}}}{\overset{8}{\ }}$

$\qquad\qquad=\dfrac{48}{25}=1\dfrac{23}{25}$

$\cdot 4\dfrac{4}{9}\times\dfrac{7}{8}\times 2=\dfrac{40}{9}\times\dfrac{7}{8}\times\dfrac{2}{1}$

$\qquad\qquad=\dfrac{40\times 7\times 2}{9\times\cancel{8}\times 1}{\underset{1}{\ }}=\dfrac{70}{9}=7\dfrac{7}{9}$

$\rightarrow 1\dfrac{23}{25}<7\dfrac{7}{9}$ 이므로

$\qquad 3\dfrac{1}{5}\times 6\times\dfrac{1}{10}<4\dfrac{4}{9}\times\dfrac{7}{8}\times 2$

6 (마신 당근주스의 양)$=12\times\dfrac{2}{5}\times\dfrac{1}{3}$

$\qquad\qquad=\dfrac{12}{1}\times\dfrac{2}{5}\times\dfrac{1}{3}$

$\qquad\qquad=\dfrac{\overset{4}{\cancel{12}}\times 2\times 1}{1\times 5\times\underset{1}{\cancel{3}}}$

$\qquad\qquad=\dfrac{8}{5}=1\dfrac{3}{5}$ (L)

마무리 하기

> **1** 3, 9, 1, 1, 8
>
> **2** $15\times\dfrac{21}{5}=\dfrac{15\times\overset{3}{\cancel{21}}}{\underset{1}{\cancel{5}}}=63$
>
> **3** (1) $9\dfrac{1}{6}$ (2) $22\dfrac{1}{2}$
>
> **4**
>
> **5** (위에서부터) 32, $41\dfrac{2}{3}$
>
> **6** (1) $\dfrac{1}{27}$ (2) $\dfrac{4}{9}$
>
> **7** $\dfrac{8}{15}\times 6$에 ○표 **8** $\dfrac{26}{81}$
>
> **9** $\dfrac{3}{44}$ **10** 33
>
> **11** 2, 3, 1 **12** 3

1 $\dfrac{3}{8}$은 $\dfrac{1}{8}$이 3개이므로 $\dfrac{3}{8}\times 3$은 $\dfrac{1}{8}$이 3개씩 3묶음입니다.

2 대분수를 가분수로 바꾼 다음 자연수와 분수의 분자를 곱하기 전 약분하여 계산합니다.

3 (1) $\overset{5}{\cancel{10}}\times\dfrac{11}{\underset{6}{\cancel{12}}}=\dfrac{55}{6}=9\dfrac{1}{6}$

(2) $1\dfrac{1}{14}\times 21=\dfrac{15}{\underset{2}{\cancel{14}}}\times\overset{3}{\cancel{21}}=\dfrac{45}{2}=22\dfrac{1}{2}$

4 $\cdot 4\times\dfrac{6}{7}=\dfrac{24}{7}=3\dfrac{3}{7}$

$\cdot\overset{4}{\cancel{12}}\times\dfrac{8}{\underset{3}{\cancel{9}}}=\dfrac{32}{3}=10\dfrac{2}{3}$

$\cdot\overset{5}{\cancel{20}}\times\dfrac{3}{\underset{4}{\cancel{16}}}=\dfrac{15}{4}=3\dfrac{3}{4}$

5 · $10 \times 3\frac{1}{5} = \overset{2}{\cancel{10}} \times \frac{16}{\underset{1}{\cancel{5}}} = 32$

· $10 \times 4\frac{1}{6} = \overset{5}{\cancel{10}} \times \frac{25}{\underset{3}{\cancel{6}}} = \frac{125}{3} = 41\frac{2}{3}$

6 (1) $\frac{1}{9} \times \frac{1}{3} = \frac{1}{27}$ (2) $\frac{\overset{4}{\cancel{8}}}{15} \times \frac{\overset{1}{\cancel{5}}}{\underset{3}{\cancel{6}}} = \frac{4}{9}$

7 · $\overset{2}{\cancel{4}} \times \frac{7}{\underset{5}{\cancel{10}}} = \frac{14}{5} = 2\frac{4}{5}$

· $1\frac{1}{2} \times 1\frac{13}{15} = \frac{\overset{1}{\cancel{3}}}{\underset{1}{\cancel{2}}} \times \frac{\overset{14}{\cancel{28}}}{\underset{5}{\cancel{15}}} = \frac{14}{5} = 2\frac{4}{5}$

· $\frac{8}{\underset{5}{\cancel{15}}} \times \overset{2}{\cancel{6}} = \frac{16}{5} = 3\frac{1}{5}$

8 $\frac{5}{6} \times \frac{4}{9} \times \frac{13}{15} = \frac{5 \times \overset{2}{\cancel{4}} \times 13}{\underset{3}{\cancel{6}} \times 9 \times \underset{3}{\cancel{15}}} = \frac{26}{81}$

9 (직사각형의 넓이)＝(가로)×(세로)

$= \frac{\overset{3}{\cancel{6}}}{11} \times \frac{1}{\underset{4}{\cancel{8}}} = \frac{3}{44} \ (\text{m}^2)$

10 $2\frac{7}{9} \times 12 = \frac{25}{\underset{3}{\cancel{9}}} \times \overset{4}{\cancel{12}} = \frac{100}{3} = 33\frac{1}{3}$

$33\frac{1}{3} > \square$이므로 $\square$ 안에는 33과 같거나 33
보다 작은 자연수가 들어갈 수 있습니다.
따라서 $\square$ 안에 들어갈 수 있는 가장 큰 자연
수는 33입니다.

11 · $7\frac{1}{4} \times 2 = \frac{29}{\underset{2}{\cancel{4}}} \times \overset{1}{\cancel{2}} = \frac{29}{2}$

$= 14\frac{1}{2}\left(= 14\frac{5}{10}\right)$

· $5\frac{1}{3} \times 3\frac{1}{2} = \frac{16}{3} \times \frac{7}{\underset{1}{\cancel{2}}}^{8} = \frac{56}{3} = 18\frac{2}{3}$

· $\frac{2}{3} \times 8 \times 2\frac{7}{10} = \frac{2}{3} \times \frac{8}{1} \times \frac{27}{10}$

$= \frac{\overset{1}{\cancel{2}} \times 8 \times \overset{9}{\cancel{27}}}{\underset{1}{\cancel{3}} \times 1 \times \underset{5}{\cancel{10}}}$

$= \frac{72}{5} = 14\frac{2}{5}\left(= 14\frac{4}{10}\right)$

➔ $14\frac{2}{5} < 14\frac{1}{2} < 18\frac{2}{3}$

12 1분＝60초이므로 2분 15초는

$2 + \frac{15}{\underset{4}{\cancel{60}}} = 2 + \frac{1}{4} = 2\frac{1}{4}$ (분)입니다.

(2분 15초 동안 달린 거리)

$= 1\frac{1}{3} \times 2\frac{1}{4} = \frac{\overset{1}{\cancel{4}}}{\underset{1}{\cancel{3}}} \times \frac{\overset{3}{\cancel{9}}}{\underset{1}{\cancel{4}}} = 3 \ (\text{km})$

미래엔
환경
지킴이

104쪽

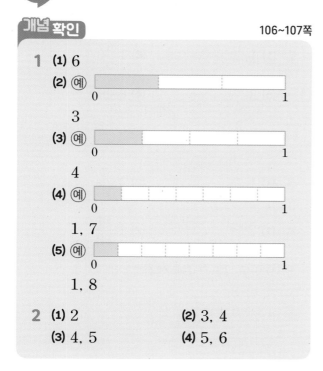

개념 확인

106~107쪽

1 (1) 6

(2) 예

0　　　　　　　　　　　1

3

(3) 예

0　　　　　　　　　　　1

4

(4) 예

0　　　　　　　　　　　1

1, 7

(5) 예

0　　　　　　　　　　　1

1, 8

2 (1) 2 　　　　　　(2) 3, 4

(3) 4, 5 　　　　　　(4) 5, 6

기본 다지기

108~109쪽

1 (1) 예 　/ 1, 5

(2) 예 　/ 1, 8

2 (1) 예

3, 4

(2) 예

4, 7

(3) 예

5, 8

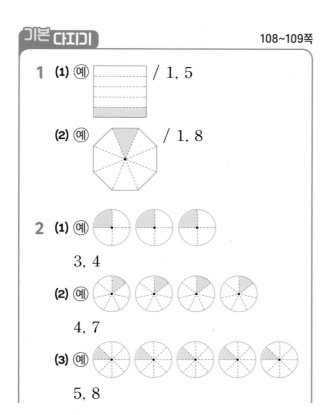

---

3 (1) $\dfrac{1}{9}$ 　　　　(2) $\dfrac{1}{11}$

(3) $\dfrac{2}{5}$ 　　　　(4) $\dfrac{3}{8}$

(5) $\dfrac{4}{9}$ 　　　　(6) $\dfrac{5}{12}$

4 $\dfrac{9}{10}$ / $\dfrac{7}{13}$

5 　　　　　　**6** <

7 $6 \div 7 = \dfrac{6}{7}$ / $\dfrac{6}{7}$

---

1 $1 \div$ (자연수)의 몫은 1을 분자, 나누는 수를 분모를 하는 분수로 나타낼 수 있습니다.

2 (1) $3 \div 4$는 원 3개를 각각 똑같이 4로 나누어 그중의 한 칸씩을 색칠합니다.

색칠한 부분은 $\dfrac{1}{4}$이 3개이므로 $3 \div 4$의 몫을 분수로 나타내면 $\dfrac{3}{4}$입니다.

(2) $4 \div 7$은 원 4개를 각각 똑같이 7로 나누어 그중의 한 칸씩을 색칠합니다.

색칠한 부분은 $\dfrac{1}{7}$이 4개이므로 $4 \div 7$의 몫을 분수로 나타내면 $\dfrac{4}{7}$입니다.

(3) $5 \div 8$은 원 5개를 각각 똑같이 8로 나누어 그중의 한 칸씩을 색칠합니다.

색칠한 부분은 $\dfrac{1}{8}$이 5개이므로 $5 \div 8$의 몫을 분수로 나타내면 $\dfrac{5}{8}$입니다.

3 (자연수) ÷ (자연수)의 몫은 나누어지는 수를 분자, 나누는 수를 분모로 하는 분수로 나타낼 수 있습니다.

4 • $9 \div 10 = \dfrac{9}{10}$ 　　• $7 \div 13 = \dfrac{7}{13}$

5 • $3 \div 11 = \dfrac{3}{11}$ 　　• $8 \div 9 = \dfrac{8}{9}$

6 $\cdot\, 7\div 10=\dfrac{7}{10}\left(=\dfrac{49}{70}\right)$

$\cdot\, 5\div 7=\dfrac{5}{7}\left(=\dfrac{50}{70}\right)$

따라서 $\dfrac{7}{10}<\dfrac{5}{7}$ 이므로 $7\div10<5\div7$ 입니다.

참고 분모가 다른 두 분수의 크기를 비교할 때에는 통분한 다음 분자의 크기를 비교합니다.

7 (병 한 개에 담은 포도주스의 양)
= (전체 포도주스의 양) ÷ (병의 수)
$=6\div7=\dfrac{6}{7}$ (L)

 일차

개념 확인
110~111쪽

1 1, 1
2 1, 3, 3, 3, 5, 1, 3, 5
3 7, 1, 3
4 5, 5, 1, 2, 3

기본 다지기
112~113쪽

1 (1) 예

$3\div2=\dfrac{3}{2}=1\dfrac{1}{2}$

(2) 예

$6\div5=\dfrac{6}{5}=1\dfrac{1}{5}$

(3) 예

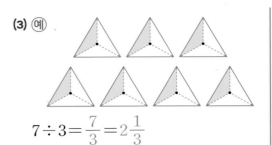

$7\div3=\dfrac{7}{3}=2\dfrac{1}{3}$

2 (1) $1\dfrac{1}{7}$ (2) $1\dfrac{4}{5}$

(3) $3\dfrac{2}{3}$ (4) $6\dfrac{1}{2}$

(5) $3\dfrac{3}{4}$ (6) $2\dfrac{5}{6}$

3 (1) $1\dfrac{2}{9}$ (2) $1\dfrac{7}{13}$

4 (1) $2\dfrac{5}{7}$ (2) $1\dfrac{11}{12}$

5 $9\div7$, $11\div4$에 색칠

6 $13\div6=2\dfrac{1}{6}$ / $2\dfrac{1}{6}$

1 (1) $3\div2$는 원 3개를 각각 똑같이 2로 나누어 그중의 한 칸씩을 색칠합니다.

색칠한 부분은 $\dfrac{1}{2}$이 3개이므로 $3\div2$의 몫을 분수로 나타내면 $\dfrac{3}{2}=1\dfrac{1}{2}$입니다.

(2) $6\div5$는 오각형 6개를 각각 똑같이 5로 나누어 그중의 한 칸씩을 색칠합니다.

색칠한 부분은 $\dfrac{1}{5}$이 6개이므로 $6\div5$의 몫을 분수로 나타내면 $\dfrac{6}{5}=1\dfrac{1}{5}$입니다.

(3) $7\div3$은 삼각형 7개를 각각 똑같이 3으로 나누어 그중의 한 칸씩을 색칠합니다.

색칠한 부분은 $\dfrac{1}{3}$이 7개이므로 $7\div3$의 몫을 분수로 나타내면 $\dfrac{7}{3}=2\dfrac{1}{3}$입니다.

2 (1) $8\div7=\dfrac{8}{7}=1\dfrac{1}{7}$

(2) $9\div5=\dfrac{9}{5}=1\dfrac{4}{5}$

(3) $11 \div 3 = \dfrac{11}{3} = 3\dfrac{2}{3}$

(4) $13 \div 2 = \dfrac{13}{2} = 6\dfrac{1}{2}$

(5) $15 \div 4 = \dfrac{15}{4} = 3\dfrac{3}{4}$

(6) $17 \div 6 = \dfrac{17}{6} = 2\dfrac{5}{6}$

3 (1) $11 \div 9 = \dfrac{11}{9} = 1\dfrac{2}{9}$

(2) $20 \div 13 = \dfrac{20}{13} = 1\dfrac{7}{13}$

4 (1) $19 \div 7 = \dfrac{19}{7} = 2\dfrac{5}{7}$

(2) $23 \div 12 = \dfrac{23}{12} = 1\dfrac{11}{12}$

5 • $7 \div 9 = \dfrac{7}{9} < 1$

• $9 \div 7 = \dfrac{9}{7} = 1\dfrac{2}{7} > 1$

• $11 \div 4 = \dfrac{11}{4} = 2\dfrac{3}{4} > 1$

• $4 \div 11 = \dfrac{4}{11} < 1$

따라서 나눗셈의 몫이 1보다 큰 식은
$9 \div 7$, $11 \div 4$입니다.

6 (한 상자에 담은 방울토마토의 무게)
= (전체 방울토마토의 무게) ÷ (상자의 수)
$= 13 \div 6 = \dfrac{13}{6} = 2\dfrac{1}{6}$ (kg)

26 일차

개념 확인

114~115쪽

1 1, 3

2 (1) 9, 9　　　　(2) 8, 8

(3) $2 \div 5 = 2 \times \dfrac{1}{5} = \dfrac{2}{5}$

(4) $7 \div 9 = 7 \times \dfrac{1}{9} = \dfrac{7}{9}$

3 1, 2

4 (1) $6 \div 5 = 6 \times \dfrac{1}{5} = \dfrac{6}{5} = 1\dfrac{1}{5}$

(2) $13 \div 4 = 13 \times \dfrac{1}{4} = \dfrac{13}{4} = 3\dfrac{1}{4}$

기본 다지기

116~117쪽

1 (1) $2 \times \dfrac{1}{7}$　　　(2) $4 \times \dfrac{1}{5}$

(3) $7 \times \dfrac{1}{8}$　　　(4) $8 \times \dfrac{1}{11}$

(5) $10 \times \dfrac{1}{9}$　　　(6) $17 \times \dfrac{1}{8}$

2 (1) $3 \times \dfrac{1}{7} = \dfrac{3}{7}$　　(2) $5 \times \dfrac{1}{9} = \dfrac{5}{9}$

(3) $7 \times \dfrac{1}{12} = \dfrac{7}{12}$

(4) $11 \times \dfrac{1}{2} = \dfrac{11}{2} = 5\dfrac{1}{2}$

(5) $16 \times \dfrac{1}{5} = \dfrac{16}{5} = 3\dfrac{1}{5}$

(6) $23 \times \dfrac{1}{6} = \dfrac{23}{6} = 3\dfrac{5}{6}$

3

4 $11 \div 9 = 11 \times \dfrac{1}{9} = \dfrac{11}{9} = 1\dfrac{2}{9}$에 ○표

5 예 $\dfrac{1}{13} \times 8$에 ○표 /

$13 \div 8 = 13 \times \dfrac{1}{8} = \dfrac{13}{8} = 1\dfrac{5}{8}$

6 $5\dfrac{2}{3}$

7 $15 \div 8 = 1\dfrac{7}{8}$ / $1\dfrac{7}{8}$

1 (자연수) ÷ (자연수)를 (자연수) × $\dfrac{1}{(\text{자연수})}$로
바꾸어 분수의 곱셈으로 나타낼 수 있습니다.

2 (자연수)÷(자연수)를 (자연수)×$\dfrac{1}{(자연수)}$로 바꾸어 계산합니다.

3 · $3÷11=3×\dfrac{1}{11}=\dfrac{3}{11}$

· $7÷6=7×\dfrac{1}{6}=\dfrac{7}{6}=1\dfrac{1}{6}$

· $12÷5=12×\dfrac{1}{5}=\dfrac{12}{5}=2\dfrac{2}{5}$

4 · $5÷7=5×\dfrac{1}{7}=\dfrac{5}{7}$

· $11÷9=11×\dfrac{1}{9}=\dfrac{11}{9}=1\dfrac{2}{9}$

5 (자연수)÷(자연수)를 (자연수)×$\dfrac{1}{(자연수)}$로 바꾸어 계산해야 합니다.

6 $17>10>6>5>3$이므로 가장 큰 수는 17이고, 가장 작은 수는 3입니다.

→ $17÷3=17×\dfrac{1}{3}=\dfrac{17}{3}=5\dfrac{2}{3}$

7 (한 봉지에 담아야 하는 콩의 무게)
= (전체 콩의 무게)÷(봉지의 수)
= $15÷8=15×\dfrac{1}{8}=\dfrac{15}{8}=1\dfrac{7}{8}$ (kg)

27 일차

개념 확인

118~119쪽

1 (1) 2   (2) 2
(3) 5, 2   (4) 2, 3
(5) 3, 3, 1   (6) 12, 6, 2
(7) $\dfrac{8}{15}÷4=\dfrac{8÷4}{15}=\dfrac{2}{15}$
(8) $\dfrac{7}{12}÷7=\dfrac{7÷7}{12}=\dfrac{1}{12}$

2 (1) 3, 25   (2) 2, 21
(3) $\dfrac{4}{9}÷7=\dfrac{4}{9}×\dfrac{1}{7}=\dfrac{4}{63}$

---

(4) $\dfrac{5}{8}÷2=\dfrac{5}{8}×\dfrac{1}{2}=\dfrac{5}{16}$

(5) $\dfrac{9}{11}÷4=\dfrac{9}{11}×\dfrac{1}{4}=\dfrac{9}{44}$

(6) $\dfrac{3}{10}÷7=\dfrac{3}{10}×\dfrac{1}{7}=\dfrac{3}{70}$

(7) $\dfrac{6}{13}÷5=\dfrac{6}{13}×\dfrac{1}{5}=\dfrac{6}{65}$

(8) $\dfrac{7}{15}÷6=\dfrac{7}{15}×\dfrac{1}{6}=\dfrac{7}{90}$

기본 다지기

120~121쪽

1 (1) $\dfrac{2÷2}{5}=\dfrac{1}{5}$ (2) $\dfrac{4÷2}{9}=\dfrac{2}{9}$
(3) $\dfrac{8÷4}{11}=\dfrac{2}{11}$ (4) $\dfrac{10÷5}{13}=\dfrac{2}{13}$

2 (1) $\dfrac{3}{7}×\dfrac{1}{5}=\dfrac{3}{35}$
(2) $\dfrac{5}{8}×\dfrac{1}{4}=\dfrac{5}{32}$
(3) $\dfrac{11}{12}×\dfrac{1}{6}=\dfrac{11}{72}$
(4) $\dfrac{7}{15}×\dfrac{1}{3}=\dfrac{7}{45}$

3 (1) $\dfrac{1}{12}$ (2) $\dfrac{3}{19}$
(3) $\dfrac{4}{15}$ (4) $\dfrac{4}{35}$
(5) $\dfrac{5}{48}$ (6) $\dfrac{9}{70}$

4 (1) 예

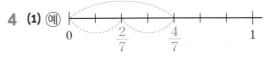

2, 7

(2) 예

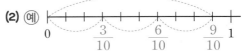

3, 10

5 $\dfrac{4}{15}$, $\dfrac{1}{30}$ **6** 2, 1, 3

7 $\dfrac{5}{7}÷4=\dfrac{5}{28}$ / $\dfrac{5}{28}$

1 분자가 자연수의 배수일 때에는 분자를 자연수로 나누어 계산할 수 있습니다.

2 분자가 자연수의 배수가 아닐 때에는 나눗셈을 분수의 곱셈으로 나타내어 계산합니다.

3 (1) $\dfrac{5}{12} \div 5 = \dfrac{5 \div 5}{12} = \dfrac{1}{12}$

(2) $\dfrac{12}{19} \div 4 = \dfrac{12 \div 4}{19} = \dfrac{3}{19}$

(3) $\dfrac{4}{5} \div 3 = \dfrac{4}{5} \times \dfrac{1}{3} = \dfrac{4}{15}$

(4) $\dfrac{4}{7} \div 5 = \dfrac{4}{7} \times \dfrac{1}{5} = \dfrac{4}{35}$

(5) $\dfrac{5}{8} \div 6 = \dfrac{5}{8} \times \dfrac{1}{6} = \dfrac{5}{48}$

(6) $\dfrac{9}{10} \div 7 = \dfrac{9}{10} \times \dfrac{1}{7} = \dfrac{9}{70}$

4 (1) 수직선에 $\dfrac{4}{7}$ 만큼 표시하고 이를 두 부분으로 나누면 $\dfrac{2}{7}$ 가 됩니다.

(2) 수직선에 $\dfrac{9}{10}$ 만큼 표시하고 이를 세 부분으로 나누면 $\dfrac{3}{10}$ 이 됩니다.

5 $\dfrac{8}{15} \div 2 = \dfrac{8 \div 2}{15} = \dfrac{4}{15}$,

$\dfrac{4}{15} \div 8 = \dfrac{\overset{1}{\cancel{4}}}{15} \times \dfrac{1}{\underset{2}{\cancel{8}}} = \dfrac{1}{30}$

6 • $\dfrac{5}{6} \div 4 = \dfrac{5}{6} \times \dfrac{1}{4} = \dfrac{5}{24}\left(= \dfrac{10}{48}\right)$

• $\dfrac{11}{12} \div 4 = \dfrac{11}{12} \times \dfrac{1}{4} = \dfrac{11}{48}$

• $\dfrac{7}{8} \div 14 = \dfrac{\overset{1}{\cancel{7}}}{8} \times \dfrac{1}{\underset{2}{\cancel{14}}} = \dfrac{1}{16}\left(= \dfrac{3}{48}\right)$

➡ $\dfrac{11}{48} > \dfrac{5}{24} > \dfrac{1}{16}$

7 정사각형은 네 변의 길이가 모두 같습니다.

(정사각형의 한 변의 길이)

= (철사의 길이) ÷ (변의 수)

$= \dfrac{5}{7} \div 4 = \dfrac{5}{7} \times \dfrac{1}{4} = \dfrac{5}{28}$ (m)

28 일차

개념 확인
122~123쪽

1 (1) 6, 2　　　　　(2) 8, 8, 2

(3) 9, 9, 3, 1, 1

(4) $6\dfrac{1}{4} \div 5 = \dfrac{25}{4} \div 5 = \dfrac{25 \div 5}{4}$

$\qquad\qquad = \dfrac{5}{4} = 1\dfrac{1}{4}$

2 (1) 3, 3, 10

(2) $2\dfrac{4}{7} \div 7 = \dfrac{18}{7} \div 7$

$\qquad\qquad = \dfrac{18}{7} \times \dfrac{1}{7} = \dfrac{18}{49}$

(3) $3\dfrac{5}{6} \div 2 = \dfrac{23}{6} \div 2 = \dfrac{23}{6} \times \dfrac{1}{2}$

$\qquad\qquad = \dfrac{23}{12} = 1\dfrac{11}{12}$

(4) $4\dfrac{2}{5} \div 3 = \dfrac{22}{5} \div 3 = \dfrac{22}{5} \times \dfrac{1}{3}$

$\qquad\qquad = \dfrac{22}{15} = 1\dfrac{7}{15}$

기본 다지기
124~125쪽

1 (1) $\dfrac{12}{5} \div 3 = \dfrac{12 \div 3}{5} = \dfrac{4}{5}$

(2) $\dfrac{14}{9} \div 7 = \dfrac{14 \div 7}{9} = \dfrac{2}{9}$

2 (1) $\dfrac{17}{4} \div 5 = \dfrac{17}{4} \times \dfrac{1}{5} = \dfrac{17}{20}$

(2) $\dfrac{14}{5} \div 6 = \dfrac{\overset{7}{\cancel{14}}}{5} \times \dfrac{1}{\underset{3}{\cancel{6}}} = \dfrac{7}{15}$

3 (1) $\dfrac{3}{8}$　　　　　(2) $\dfrac{5}{6}$

(3) $1\dfrac{2}{5}$　　　　　(4) $\dfrac{11}{27}$

(5) $\dfrac{9}{20}$　　　　　(6) $1\dfrac{1}{6}$

4 (1) $\dfrac{3}{8}$　　　　　(2) $\dfrac{11}{27}$

33

5 $1\dfrac{7}{27}$, $\dfrac{17}{54}$ **6** 은혜

7 $4\dfrac{2}{5}\div4=1\dfrac{1}{10}$ / $1\dfrac{1}{10}$

1 대분수를 가분수로 바꾼 다음 분자를 자연수로 나누어 계산합니다.

2 대분수를 가분수로 바꾼 다음 나눗셈을 분수의 곱셈으로 나타내어 계산합니다.

3 (1) $2\dfrac{5}{8}\div7=\dfrac{21}{8}\div7=\dfrac{21\div7}{8}=\dfrac{3}{8}$

(2) $4\dfrac{1}{6}\div5=\dfrac{25}{6}\div5=\dfrac{25\div5}{6}=\dfrac{5}{6}$

(3) $2\dfrac{4}{5}\div2=\dfrac{14}{5}\div2=\dfrac{14\div2}{5}$
$=\dfrac{7}{5}=1\dfrac{2}{5}$

(4) $1\dfrac{2}{9}\div3=\dfrac{11}{9}\div3=\dfrac{11}{9}\times\dfrac{1}{3}=\dfrac{11}{27}$

(5) $2\dfrac{7}{10}\div6=\dfrac{27}{10}\div6=\dfrac{\overset{9}{\cancel{27}}}{10}\times\dfrac{1}{\underset{2}{\cancel{6}}}=\dfrac{9}{20}$

(6) $4\dfrac{2}{3}\div4=\dfrac{14}{3}\div4=\dfrac{\overset{7}{\cancel{14}}}{3}\times\dfrac{1}{\underset{2}{\cancel{4}}}$
$=\dfrac{7}{6}=1\dfrac{1}{6}$

4 (1) $4\dfrac{1}{8}\div11=\dfrac{33}{8}\div11=\dfrac{33\div11}{8}=\dfrac{3}{8}$

(2) $2\dfrac{4}{9}\div6=\dfrac{22}{9}\div6=\dfrac{\overset{11}{\cancel{22}}}{9}\times\dfrac{1}{\underset{3}{\cancel{6}}}=\dfrac{11}{27}$

5 $3\dfrac{7}{9}\div3=\dfrac{34}{9}\div3=\dfrac{34}{9}\times\dfrac{1}{3}$
$=\dfrac{34}{27}=1\dfrac{7}{27}$,

$1\dfrac{7}{27}\div4=\dfrac{34}{27}\div4=\dfrac{\overset{17}{\cancel{34}}}{27}\times\dfrac{1}{\underset{2}{\cancel{4}}}=\dfrac{17}{54}$

6 은혜: $4\dfrac{2}{3}\div2=\dfrac{14}{3}\div2=\dfrac{14\div2}{3}$
$=\dfrac{7}{3}=2\dfrac{1}{3}$

준호: $2\dfrac{2}{5}\div10=\dfrac{12}{5}\div10$
$=\dfrac{\overset{6}{\cancel{12}}}{5}\times\dfrac{1}{10}=\dfrac{6}{25}$

따라서 잘못 계산한 친구는 은혜입니다.

7 (은지가 하루에 마셔야 할 물의 양)
$=$(전체 물의 양)$\div$(날수)
$=4\dfrac{2}{5}\div4=\dfrac{22}{5}\div4$
$=\dfrac{\overset{11}{\cancel{22}}}{5}\times\dfrac{1}{\underset{2}{\cancel{4}}}=\dfrac{11}{10}=1\dfrac{1}{10}$ (L)

29 일차

마무리 하기
126~129쪽

1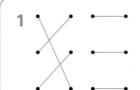

2 (1) $\dfrac{3}{7}$ (2) $1\dfrac{7}{9}$

3 $\dfrac{3}{5}\div4=\dfrac{3}{5}\times\dfrac{1}{4}=\dfrac{3}{20}$

4 (1) $\dfrac{8}{13}$ (2) $2\dfrac{2}{9}$

5 ⑩ $\times11$에 ◯표 /
$5\div11=5\times\dfrac{1}{11}=\dfrac{5}{11}$

6 (1) $\dfrac{3}{7}$ (2) $\dfrac{5}{16}$

7 $>$ **8** ㉡

9 $\dfrac{5}{21}$ **10** $\dfrac{5}{7}$

11 1, 2 **12** $\dfrac{15}{64}$

34

1
- $1 \div 5$에서 오각형 1개를 똑같이 5로 나누어 그중 한 칸을 색칠하면 색칠한 부분은 $\frac{1}{5}$이 1개입니다.
- $2 \div 5$에서 오각형 2개를 각각 똑같이 5로 나누어 그중 한 칸씩을 색칠하면 색칠한 부분은 $\frac{1}{5}$이 2개입니다.
- $3 \div 5$에서 오각형 3개를 각각 똑같이 5로 나누어 그중 한 칸씩을 색칠하면 색칠한 부분은 $\frac{1}{5}$이 3개입니다.

2 (1) $3 \div 7 = \frac{3}{7}$

(2) $16 \div 9 = \frac{16}{9} = 1\frac{7}{9}$

참고 (자연수)÷(자연수)의 몫은 나누어지는 수를 분자, 나누는 수를 분모로 하는 분수로 나타낼 수 있습니다.

3 $\frac{3}{5} \div 4$의 몫은 $\frac{3}{5}$을 4등분한 것 중의 하나입니다. ➜ $\frac{3}{5} \div 4 = \frac{3}{5} \times \frac{1}{4} = \frac{3}{20}$

4 (1) $8 \div 13 = \frac{8}{13}$

(2) $20 \div 9 = \frac{20}{9} = 2\frac{2}{9}$

5 (자연수)÷(자연수)를 (자연수)$\times \dfrac{1}{(자연수)}$로 바꾸어 계산해야 합니다.

6 (1) $\frac{6}{7} \div 2 = \frac{6 \div 2}{7} = \frac{3}{7}$

(2) $3\frac{1}{8} \div 10 = \frac{25}{8} \div 10$

$= \frac{25}{8} \times \frac{1}{10} = \frac{5}{16}$

7
- $\frac{9}{10} \div 2 = \frac{9}{10} \times \frac{1}{2} = \frac{9}{20}$
- $1\frac{3}{5} \div 4 = \frac{8}{5} \div 4 = \frac{8 \div 4}{5} = \frac{2}{5}\left(= \frac{8}{20}\right)$

따라서 $\frac{9}{20} > \frac{2}{5}$이므로

$\frac{9}{10} \div 2 > 1\frac{3}{5} \div 4$입니다.

8 ㉠ $\frac{2}{3} \div 4 = \frac{2}{3} \times \frac{1}{4} = \frac{1}{6}$

㉡ $\frac{4}{9} \div 6 = \frac{4}{9} \times \frac{1}{6} = \frac{2}{27}$

㉢ $1\frac{1}{3} \div 8 = \frac{4}{3} \div 8 = \frac{4}{3} \times \frac{1}{8} = \frac{1}{6}$

따라서 나눗셈의 몫이 다른 하나는 ㉡입니다.

9 (색칠한 부분의 넓이) $= \frac{20}{21} \div 4 = \frac{20 \div 4}{21}$

$= \frac{5}{21}$ (m²)

10 빈칸에 알맞은 분수를 □라고 하면

$□ \times 5 = 3\frac{4}{7}$이므로

$□ = 3\frac{4}{7} \div 5 = \frac{25}{7} \div 5 = \frac{25 \div 5}{7} = \frac{5}{7}$

11 $\frac{3}{8} \div 2 = \frac{3}{8} \times \frac{1}{2} = \frac{3}{16}$

따라서 $\frac{3}{16} > \frac{□}{16}$이므로 □ 안에 들어갈 수 있는 자연수는 1, 2입니다.

12 (복숭아 8개의 무게)
= (복숭아 8개가 들어 있는 바구니의 무게)
  − (빈 바구니의 무게)

$= 2\frac{1}{4} - \frac{3}{8} = 2\frac{2}{8} - \frac{3}{8}$

$= 1\frac{10}{8} - \frac{3}{8} = 1\frac{7}{8}$ (kg)

(복숭아 한 개의 무게)
= (복숭아 8개의 무게)÷(복숭아의 수)

$= 1\frac{7}{8} \div 8 = \frac{15}{8} \div 8$

$= \frac{15}{8} \times \frac{1}{8} = \frac{15}{64}$ (kg)

개념 확인

130~131쪽

1 4, 4

2 3, 3 / 9, 3, 3

3 (1) 7, 7 / 7, 7

(2) 4, 3, 4, 3 /

$$\frac{4}{5} \div \frac{3}{5} = 4 \div 3 = \frac{4}{3} = 1\frac{1}{3}$$

기본 다지기

132~133쪽

1 (1) 2 (2) 3, 1, 2

2 (1) 5 (2) 2

(3) 3 (4) $1\frac{1}{2}$

(5) $2\frac{1}{5}$ (6) $1\frac{3}{13}$

3 (1) 4 (2) $2\frac{1}{3}$

4 20 **5** $\frac{3}{4}$, 3

6 (○)( )( )

7 $\frac{12}{13} \div \frac{4}{13} = 3$ / 3

1 (1) $\frac{6}{7}$에서 $\frac{3}{7}$을 2번 덜어 낼 수 있습니다.

➡ $\frac{6}{7} \div \frac{3}{7} = 2$

(2) $\frac{7}{8}$을 $\frac{2}{8}$씩 묶으면 3묶음과 $\frac{1}{2}$ 묶음입니다.

➡ $\frac{7}{8} \div \frac{2}{8} = 3\frac{1}{2}$

2 (1) $\frac{5}{6} \div \frac{1}{6} = 5 \div 1 = 5$

(2) $\frac{8}{9} \div \frac{4}{9} = 8 \div 4 = 2$

(3) $\frac{9}{11} \div \frac{3}{11} = 9 \div 3 = 3$

(4) $\frac{3}{5} \div \frac{2}{5} = 3 \div 2 = \frac{3}{2} = 1\frac{1}{2}$

(5) $\frac{11}{12} \div \frac{5}{12} = 11 \div 5$

$= \frac{11}{5} = 2\frac{1}{5}$

(6) $\frac{16}{21} \div \frac{13}{21} = 16 \div 13$

$= \frac{16}{13} = 1\frac{3}{13}$

3 (1) $\frac{12}{17} \div \frac{3}{17} = 12 \div 3 = 4$

(2) $\frac{7}{11} \div \frac{3}{11} = 7 \div 3 = \frac{7}{3} = 2\frac{1}{3}$

4 $\frac{7}{16} \div \frac{13}{16} = 7 \div 13 = \frac{7}{13}$ 이므로

㉠=7, ㉡=13입니다.

➡ ㉠+㉡=7+13=20

5 $\frac{3}{5} \div \frac{4}{5} = 3 \div 4 = \frac{3}{4}$,

$\frac{3}{4} \div \frac{1}{4} = 3 \div 1 = 3$

6 • $\frac{6}{7} \div \frac{2}{7} = 6 \div 2 = 3$

• $\frac{12}{13} \div \frac{6}{13} = 12 \div 6 = 2$

• $\frac{10}{19} \div \frac{5}{19} = 10 \div 5 = 2$

따라서 나눗셈의 몫이 다른 하나는 $\frac{6}{7} \div \frac{2}{7}$ 입니다.

7 (봉지의 수)

=(전체 설탕의 무게)

÷(한 봉지에 담을 수 있는 설탕의 무게)

$= \frac{12}{13} \div \frac{4}{13} = 12 \div 4 = 3$(봉지)

개념 확인 134~135쪽

1 (1) 3, 1, 3, 1, 3   (2) 6, 3, 6, 3, 2

2 (1) 8, 9, 8, 9, 8, 9

  (2) 9, 10, 9, 10, 9, 10

  (3) 20, 21, 20, 21, 20, 21

  (4) $\dfrac{5}{6} \div \dfrac{4}{7} = \dfrac{35}{42} \div \dfrac{24}{42}$

$\qquad\qquad = 35 \div 24 = \dfrac{35}{24} = 1\dfrac{11}{24}$

  (5) $\dfrac{7}{8} \div \dfrac{1}{6} = \dfrac{21}{24} \div \dfrac{4}{24}$

$\qquad\qquad = 21 \div 4 = \dfrac{21}{4} = 5\dfrac{1}{4}$

기본 다지기 136~137쪽

1 (1) 4   (2) 8

2 (1) 예 $\dfrac{12}{16} \div \dfrac{13}{16} = 12 \div 13 = \dfrac{12}{13}$

  (2) 예 $\dfrac{9}{18} \div \dfrac{14}{18} = 9 \div 14 = \dfrac{9}{14}$

3 (1) 5   (2) 3

  (3) $2\dfrac{2}{7}$ (4) $\dfrac{5}{8}$

  (5) $1\dfrac{1}{6}$ (6) $2\dfrac{3}{16}$

4 예 $\dfrac{35}{42} \div \dfrac{12}{42} = 35 \div 12$

$\qquad\qquad = \dfrac{35}{12} = 2\dfrac{11}{12}$

5 $\dfrac{20}{21}$, $\dfrac{2}{5}$, $2\dfrac{2}{15}$

6 $\dfrac{2}{3} \div \dfrac{3}{7}$에 색칠

7 $\dfrac{3}{10} \div \dfrac{1}{8} = 2\dfrac{2}{5}$ / $2\dfrac{2}{5}$

---

1 (1) $\dfrac{2}{3}$는 $\dfrac{1}{6}$의 4배입니다.

  → $\dfrac{2}{3} \div \dfrac{1}{6} = 4$

  (2) $\dfrac{4}{7}$는 $\dfrac{1}{14}$의 8배입니다.

  → $\dfrac{4}{7} \div \dfrac{1}{14} = 8$

2 분모가 다른 (분수)÷(분수)는 통분하여 분자 끼리 나누어 계산합니다.

3 (1) $\dfrac{1}{2} \div \dfrac{1}{10} = \dfrac{5}{10} \div \dfrac{1}{10}$

$\qquad\qquad = 5 \div 1 = 5$

  (2) $\dfrac{7}{8} \div \dfrac{7}{24} = \dfrac{21}{24} \div \dfrac{7}{24}$

$\qquad\qquad = 21 \div 7 = 3$

  (3) $\dfrac{4}{7} \div \dfrac{1}{4} = \dfrac{16}{28} \div \dfrac{7}{28}$

$\qquad\qquad = 16 \div 7 = \dfrac{16}{7} = 2\dfrac{2}{7}$

  (4) $\dfrac{1}{2} \div \dfrac{4}{5} = \dfrac{5}{10} \div \dfrac{8}{10}$

$\qquad\qquad = 5 \div 8 = \dfrac{5}{8}$

  (5) $\dfrac{7}{9} \div \dfrac{2}{3} = \dfrac{7}{9} \div \dfrac{6}{9}$

$\qquad\qquad = 7 \div 6 = \dfrac{7}{6} = 1\dfrac{1}{6}$

  (6) $\dfrac{7}{12} \div \dfrac{4}{15} = \dfrac{35}{60} \div \dfrac{16}{60}$

$\qquad\qquad = 35 \div 16 = \dfrac{35}{16} = 2\dfrac{3}{16}$

4 분모가 다른 분수의 나눗셈은 통분한 다음 계산해야 합니다.

5 • $\dfrac{1}{3} \div \dfrac{5}{6} = \dfrac{2}{6} \div \dfrac{5}{6} = 2 \div 5 = \dfrac{2}{5}$

  • $\dfrac{4}{5} \div \dfrac{3}{8} = \dfrac{32}{40} \div \dfrac{15}{40} = 32 \div 15$

$\qquad\qquad = \dfrac{32}{15} = 2\dfrac{2}{15}$

  • $\dfrac{5}{9} \div \dfrac{7}{12} = \dfrac{20}{36} \div \dfrac{21}{36} = 20 \div 21 = \dfrac{20}{21}$

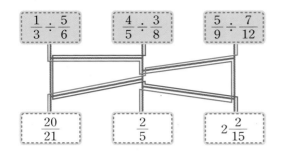

$$6 \cdot \frac{3}{8} \div \frac{5}{12} = \frac{9}{24} \div \frac{10}{24}$$
$$= 9 \div 10 = \frac{9}{10}$$

$$\cdot \frac{2}{3} \div \frac{3}{7} = \frac{14}{21} \div \frac{9}{21} = 14 \div 9$$
$$= \frac{14}{9} = 1\frac{5}{9}\left(=1\frac{70}{126}\right)$$

$$\cdot \frac{5}{6} \div \frac{7}{9} = \frac{15}{18} \div \frac{14}{18} = 15 \div 14$$
$$= \frac{15}{14} = 1\frac{1}{14}\left(=1\frac{9}{126}\right)$$

$$\rightarrow 1\frac{5}{9} > 1\frac{1}{14} > \frac{9}{10}$$

7 (지아가 먹은 케이크 양)
÷ (동생이 먹은 케이크 양)
$$= \frac{3}{10} \div \frac{1}{8} = \frac{12}{40} \div \frac{5}{40}$$
$$= 12 \div 5 = \frac{12}{5} = 2\frac{2}{5}(배)$$

32 일차

개념 확인 138~139쪽

1 4, 8

2 (1) 5, 30 (2) 7, 9, 63

3 ❶ 3, 2 ❷ 2, 5, 10

$$4 \quad 3 \div \frac{5}{7} = 3 \div 5 \times 7 = 3 \times \frac{1}{5} \times 7$$
$$= 3 \times \frac{7}{5} = \frac{21}{5} = 4\frac{1}{5}$$

기본 다지기 140~141쪽

1 (1) $3 \times 4 = 12$ (2) $5 \times 6 = 30$
  (3) $7 \times 8 = 56$ (4) $10 \times 3 = 30$

2 (1) $\overset{1}{3} \times \frac{5}{3} = 5$

  (2) $\overset{1}{4} \times \frac{9}{\underset{2}{8}} = \frac{9}{2} = 4\frac{1}{2}$

  (3) $\overset{3}{9} \times \frac{7}{\underset{1}{3}} = 21$

  (4) $\overset{5}{10} \times \frac{13}{\underset{6}{12}} = \frac{65}{6} = 10\frac{5}{6}$

3 (1) 18 (2) 44
  (3) 7 (4) $12\frac{1}{2}$
  (5) $6\frac{4}{5}$ (6) $16\frac{1}{4}$

4 63 / 33

5 [연결선] 6 >

$$7 \quad 24 \div \frac{8}{9} = 27 \ / \ 27$$

1 (자연수)÷(단위분수)는 자연수에 단위분수의 분모를 곱해 계산합니다.

2 (자연수)÷(분수)는 나눗셈을 곱셈으로 나타내고 분수의 분모와 분자를 바꾸어 계산합니다.

3 (1) $2 \div \dfrac{1}{9} = 2 \times 9 = 18$

(2) $11 \div \dfrac{1}{4} = 11 \times 4 = 44$

(3) $6 \div \dfrac{6}{7} = \overset{1}{6} \times \dfrac{7}{\underset{1}{6}} = 7$

(4) $10 \div \dfrac{4}{5} = \overset{5}{10} \times \dfrac{5}{\underset{2}{4}} = \dfrac{25}{2} = 12\dfrac{1}{2}$

(5) $4 \div \dfrac{10}{17} = \overset{2}{4} \times \dfrac{17}{\underset{5}{10}} = \dfrac{34}{5} = 6\dfrac{4}{5}$

(6) $15 \div \dfrac{12}{13} = \overset{5}{15} \times \dfrac{13}{\underset{4}{12}} = \dfrac{65}{4} = 16\dfrac{1}{4}$

4 • $9 \div \dfrac{1}{7} = 9 \times 7 = 63$

• $12 \div \dfrac{4}{11} = \overset{3}{12} \times \dfrac{11}{\underset{1}{4}} = 33$

5 • $2 \div \dfrac{2}{5} = \overset{1}{2} \times \dfrac{5}{\underset{1}{2}} = 5$

• $6 \div \dfrac{3}{7} = \overset{2}{6} \times \dfrac{7}{\underset{1}{3}} = 14$

• $3 \div \dfrac{5}{8} = 3 \times \dfrac{8}{5} = \dfrac{24}{5} = 4\dfrac{4}{5}$

6 • $4 \div \dfrac{2}{11} = \overset{2}{4} \times \dfrac{11}{\underset{1}{2}} = 22$

• $6 \div \dfrac{18}{23} = \overset{1}{6} \times \dfrac{23}{\underset{3}{18}} = \dfrac{23}{3} = 7\dfrac{2}{3}$

따라서 $22 > 7\dfrac{2}{3}$ 이므로 $4 \div \dfrac{2}{11} > 6 \div \dfrac{18}{23}$ 입니다.

7 (봉지의 수) = (전체 감자의 무게)
　　　　　　÷ (한 봉지에 담는 감자의 무게)
　　　　$= 24 \div \dfrac{8}{9} = \overset{3}{24} \times \dfrac{9}{\underset{1}{8}} = 27$ (봉지)

개념 확인　　　　142~143쪽

1 ❶ 2, 2, 5
　❷ (1시간 동안 걸을 수 있는 거리)
　　$= \dfrac{2}{5} \times 3 = \dfrac{6}{5} = 1\dfrac{1}{5}$ (km)

2 (1) $\dfrac{3}{5} \div \dfrac{2}{3} = \dfrac{3}{5} \times \dfrac{3}{2} = \dfrac{9}{10}$

(2) $\dfrac{3}{4} \div \dfrac{5}{7} = \dfrac{3}{4} \times \dfrac{7}{5} = \dfrac{21}{20}$
　　　　$= 1\dfrac{1}{20}$

(3) $\dfrac{7}{12} \div \dfrac{2}{5} = \dfrac{7}{12} \times \dfrac{5}{2}$
　　　　$= \dfrac{35}{24} = 1\dfrac{11}{24}$

(4) $\dfrac{9}{10} \div \dfrac{1}{3} = \dfrac{9}{10} \times \dfrac{3}{1}$
　　　　$= \dfrac{27}{10} = 2\dfrac{7}{10}$

기본 다지기　　　　144~145쪽

1 (1) (◯) (　)
　(2) (　) (◯)

2 (1) $\dfrac{1}{\underset{3}{6}} \times \dfrac{\overset{4}{8}}{5} = \dfrac{4}{15}$　(2) $\dfrac{2}{9} \times \dfrac{\overset{1}{7}}{\underset{2}{4}} = \dfrac{7}{18}$

3 $\dfrac{10}{27}$ / $\dfrac{7}{12}$

4 　　　　**5** 95

6 3, 1, 2

7 $\dfrac{4}{5} \div \dfrac{2}{15} = 6$ / 6

1 (1) $\dfrac{1}{2} \div \dfrac{2}{3} = \dfrac{1}{2} \times \dfrac{3}{2}$

(2) $\dfrac{3}{8} \div \dfrac{7}{9} = \dfrac{3}{8} \times \dfrac{9}{7}$

2 (분수)÷(분수)는 나눗셈을 곱셈으로 나타내고 나누는 분수의 분모와 분자를 바꾸어 계산합니다.

3 • $\dfrac{7}{16} \div \dfrac{3}{4} = \dfrac{7}{\overset{}{\underset{4}{16}}} \times \dfrac{\overset{1}{4}}{3} = \dfrac{7}{12}$

• $\dfrac{5}{18} \div \dfrac{3}{4} = \dfrac{5}{\overset{}{\underset{9}{18}}} \times \dfrac{\overset{2}{4}}{3} = \dfrac{10}{27}$

4 • $\dfrac{1}{8} \div \dfrac{3}{10} = \dfrac{1}{\overset{}{\underset{4}{8}}} \times \dfrac{\overset{5}{10}}{3} = \dfrac{5}{12}$

• $\dfrac{5}{9} \div \dfrac{5}{6} = \dfrac{\overset{1}{5}}{\underset{3}{9}} \times \dfrac{\overset{2}{6}}{\underset{1}{5}} = \dfrac{2}{3}$

• $\dfrac{14}{15} \div \dfrac{7}{12} = \dfrac{\overset{2}{14}}{\underset{5}{15}} \times \dfrac{\overset{4}{12}}{\underset{1}{7}} = \dfrac{8}{5} = 1\dfrac{3}{5}$

5 $\dfrac{5}{11} \div \dfrac{9}{14} = \dfrac{5}{11} \times \dfrac{14}{9} = \dfrac{70}{99}$

따라서 ㉠=11, ㉡=14, ㉢=70이므로
㉠+㉡+㉢=11+14+70=95입니다.

6 • $\dfrac{2}{3} \div \dfrac{4}{5} = \dfrac{\overset{1}{2}}{3} \times \dfrac{5}{\underset{2}{4}} = \dfrac{5}{6}\left(=\dfrac{20}{24}\right)$

• $\dfrac{11}{12} \div \dfrac{5}{6} = \dfrac{11}{\overset{}{\underset{2}{12}}} \times \dfrac{\overset{1}{6}}{5} = \dfrac{11}{10} = 1\dfrac{1}{10}$

• $\dfrac{5}{8} \div \dfrac{5}{7} = \dfrac{\overset{1}{5}}{8} \times \dfrac{7}{\underset{1}{5}} = \dfrac{7}{8}\left(=\dfrac{21}{24}\right)$

➡ $1\dfrac{1}{10} > \dfrac{7}{8} > \dfrac{5}{6}$

40

---

7 (만들 수 있는 빵의 수)
= (전체 밀가루의 무게)
  ÷ (빵 한 개를 만드는 데 필요한 밀가루의 무게)

$= \dfrac{4}{5} \div \dfrac{2}{15} = \dfrac{\overset{2}{4}}{\underset{1}{5}} \times \dfrac{\overset{3}{15}}{\underset{1}{2}} = 6(개)$

34 일차

개념 확인　　　　146~147쪽

1 (1) $1\dfrac{2}{3} \div \dfrac{1}{2} = \dfrac{5}{3} \div \dfrac{1}{2} = \dfrac{10}{6} \div \dfrac{3}{6}$

$= 10 \div 3 = \dfrac{10}{3} = 3\dfrac{1}{3}$

(2) $2\dfrac{3}{4} \div \dfrac{2}{5} = \dfrac{11}{4} \div \dfrac{2}{5} = \dfrac{55}{20} \div \dfrac{8}{20}$

$= 55 \div 8 = \dfrac{55}{8} = 6\dfrac{7}{8}$

(3) 9, 9, 27, 2, 7

(4) $2\dfrac{1}{3} \div \dfrac{3}{7} = \dfrac{7}{3} \div \dfrac{3}{7} = \dfrac{7}{3} \times \dfrac{7}{3}$

$= \dfrac{49}{9} = 5\dfrac{4}{9}$

2 (1) 7, 9, 7, 9

(2) $3\dfrac{1}{4} \div 2\dfrac{1}{5} = \dfrac{13}{4} \div \dfrac{11}{5}$

$= \dfrac{65}{20} \div \dfrac{44}{20}$

$= 65 \div 44$

$= \dfrac{65}{44} = 1\dfrac{21}{44}$

(3) $2\dfrac{2}{3} \div 2\dfrac{3}{5} = \dfrac{8}{3} \div \dfrac{13}{5}$

$= \dfrac{8}{3} \times \dfrac{5}{13}$

$= \dfrac{40}{39} = 1\dfrac{1}{39}$

(4) $3\dfrac{1}{2} \div 1\dfrac{3}{7} = \dfrac{7}{2} \div \dfrac{10}{7}$

$= \dfrac{7}{2} \times \dfrac{7}{10}$

$= \dfrac{49}{20} = 2\dfrac{9}{20}$

1 (1) 예 $\dfrac{9}{4} \div \dfrac{3}{8} = \dfrac{18}{8} \div \dfrac{3}{8}$

$\qquad\qquad = 18 \div 3 = 6$

(2) 예 $\dfrac{11}{7} \div \dfrac{8}{5} = \dfrac{55}{35} \div \dfrac{56}{35}$

$\qquad\qquad = 55 \div 56 = \dfrac{55}{56}$

2 (1) $\dfrac{21}{10} \div \dfrac{2}{5} = \dfrac{21}{\overset{}{\underset{2}{10}}} \times \dfrac{\overset{1}{5}}{2} = \dfrac{21}{4} = 5\dfrac{1}{4}$

(2) $\dfrac{11}{6} \div \dfrac{16}{9} = \dfrac{11}{\overset{}{\underset{2}{6}}} \times \dfrac{\overset{3}{9}}{16}$

$\qquad\qquad = \dfrac{33}{32} = 1\dfrac{1}{32}$

3 (1) $1\dfrac{1}{2}$ (2) $1\dfrac{4}{5}$

(3) $4\dfrac{4}{21}$ (4) $\dfrac{13}{27}$

(5) $1\dfrac{11}{24}$ (6) $1\dfrac{1}{26}$

4 (1) 4 (2) $4\dfrac{4}{5}$

5 성준 **6** ㉡

7 $7\dfrac{1}{2} \div 4\dfrac{1}{5} = 1\dfrac{11}{14}$ / $1\dfrac{11}{14}$

---

1 대분수를 가분수로 바꾼 다음 통분하여 계산합니다.

2 대분수를 가분수로 바꾼 다음 분수의 곱셈으로 나타내어 계산합니다.

3 (1) $1\dfrac{1}{8} \div \dfrac{3}{4} = \dfrac{9}{8} \div \dfrac{3}{4} = \dfrac{\overset{3}{9}}{\underset{2}{8}} \times \dfrac{\overset{1}{4}}{\underset{1}{3}}$

$\qquad\qquad = \dfrac{3}{2} = 1\dfrac{1}{2}$

(2) $1\dfrac{1}{2} \div \dfrac{5}{6} = \dfrac{3}{2} \div \dfrac{5}{6} = \dfrac{3}{2} \times \dfrac{\overset{3}{6}}{\underset{1}{5}}$

$\qquad\qquad = \dfrac{9}{5} = 1\dfrac{4}{5}$

---

(3) $2\dfrac{2}{7} \div \dfrac{6}{11} = \dfrac{16}{7} \div \dfrac{6}{11} = \dfrac{16}{7} \times \dfrac{11}{\underset{3}{6}}^{8}$

$\qquad\qquad = \dfrac{88}{21} = 4\dfrac{4}{21}$

(4) $2\dfrac{1}{6} \div 4\dfrac{1}{2} = \dfrac{13}{6} \div \dfrac{9}{2} = \dfrac{13}{\underset{3}{6}} \times \dfrac{\overset{1}{2}}{9}$

$\qquad\qquad = \dfrac{13}{27}$

(5) $2\dfrac{1}{12} \div 1\dfrac{3}{7} = \dfrac{25}{12} \div \dfrac{10}{7} = \dfrac{\overset{5}{25}}{12} \times \dfrac{7}{\underset{2}{10}}$

$\qquad\qquad = \dfrac{35}{24} = 1\dfrac{11}{24}$

(6) $2\dfrac{7}{10} \div 2\dfrac{3}{5} = \dfrac{27}{10} \div \dfrac{13}{5} = \dfrac{27}{\underset{2}{10}} \times \dfrac{\overset{1}{5}}{13}$

$\qquad\qquad = \dfrac{27}{26} = 1\dfrac{1}{26}$

4 (1) $8\dfrac{2}{3} \div 2\dfrac{1}{6} = \dfrac{26}{3} \div \dfrac{13}{6} = \dfrac{\overset{2}{26}}{\underset{1}{3}} \times \dfrac{\overset{2}{6}}{\underset{1}{13}} = 4$

(2) $7\dfrac{4}{5} \div 1\dfrac{5}{8} = \dfrac{39}{5} \div \dfrac{13}{8} = \dfrac{\overset{3}{39}}{5} \times \dfrac{8}{\underset{1}{13}}$

$\qquad\qquad = \dfrac{24}{5} = 4\dfrac{4}{5}$

5 진아: $3\dfrac{3}{7} \div \dfrac{6}{13} = \dfrac{24}{7} \div \dfrac{6}{13} = \dfrac{\overset{4}{24}}{7} \times \dfrac{13}{\underset{1}{6}}$

$\qquad\qquad = \dfrac{52}{7} = 7\dfrac{3}{7}$

수빈: $1\dfrac{1}{3} \div 1\dfrac{1}{9} = \dfrac{4}{3} \div \dfrac{10}{9} = \dfrac{\overset{2}{4}}{\underset{1}{3}} \times \dfrac{\overset{3}{9}}{\underset{5}{10}}$

$\qquad\qquad = \dfrac{6}{5} = 1\dfrac{1}{5}$

성준: $5\dfrac{5}{6} \div 4\dfrac{3}{8} = \dfrac{35}{6} \div \dfrac{35}{8} = \dfrac{\overset{1}{35}}{\underset{3}{6}} \times \dfrac{\overset{4}{8}}{\underset{1}{35}}$

$\qquad\qquad = \dfrac{4}{3} = 1\dfrac{1}{3}$

따라서 잘못 계산한 친구는 성준이입니다.

6 ㉠ $2\dfrac{2}{5} \div 2\dfrac{1}{4} = \dfrac{12}{5} \div \dfrac{9}{4} = \dfrac{12}{5} \times \dfrac{\overset{4}{4}}{\underset{3}{9}}$

$= \dfrac{16}{15} = 1\dfrac{1}{15} > 1$

㉡ $3\dfrac{1}{8} \div 3\dfrac{1}{3} = \dfrac{25}{8} \div \dfrac{10}{3} = \dfrac{25}{8} \times \dfrac{3}{\underset{2}{\overset{5}{10}}}$

$= \dfrac{15}{16} < 1$

㉢ $2\dfrac{1}{3} \div 1\dfrac{3}{4} = \dfrac{7}{3} \div \dfrac{7}{4} = \dfrac{\overset{1}{7}}{3} \times \dfrac{4}{\underset{1}{7}}$

$= \dfrac{4}{3} = 1\dfrac{1}{3} > 1$

7 (자두의 무게)÷(체리의 무게)

$= 7\dfrac{1}{2} \div 4\dfrac{1}{5} = \dfrac{15}{2} \div \dfrac{21}{5}$

$= \dfrac{\overset{5}{15}}{2} \times \dfrac{5}{\underset{7}{21}} = \dfrac{25}{14} = 1\dfrac{11}{14}$ (배)

35 일차

마무리하기

1 (1) 8, 4, 2

(2) $\dfrac{7}{9} \div \dfrac{5}{9} = 7 \div 5 = \dfrac{7}{5} = 1\dfrac{2}{5}$

2 (1) $1\dfrac{4}{7}$ (2) $1\dfrac{7}{25}$

3 ①, ⑤

4 (예) $\dfrac{35}{9} \div \dfrac{14}{15} = \dfrac{35}{\underset{3}{9}} \times \dfrac{\overset{5}{15}}{\underset{2}{14}}$

$= \dfrac{25}{6} = 4\dfrac{1}{6}$

---

5 $\dfrac{3}{7}, \dfrac{19}{28}$ **6** $5\dfrac{1}{4}$

7 $<$ **8** $2\dfrac{2}{9}$

9 $2\dfrac{1}{2}$ **10** $8\dfrac{4}{5}$

11 2   **12** 1, 30

1 분모가 같은 (분수)÷(분수)는 분자끼리 나누어 계산합니다.

2 (1) $\dfrac{11}{12} \div \dfrac{7}{12} = 11 \div 7 = \dfrac{11}{7} = 1\dfrac{4}{7}$

(2) $\dfrac{4}{5} \div \dfrac{5}{8} = \dfrac{32}{40} \div \dfrac{25}{40}$

$= 32 \div 25 = \dfrac{32}{25} = 1\dfrac{7}{25}$

3 ① $\dfrac{4}{11} \div \dfrac{3}{22} = \dfrac{8}{22} \div \dfrac{3}{22}$

$= 8 \div 3 = \dfrac{8}{3} = 2\dfrac{2}{3}$

② $\dfrac{6}{7} \div \dfrac{1}{9} = \dfrac{54}{63} \div \dfrac{7}{63}$

$= 54 \div 7 = \dfrac{54}{7} = 7\dfrac{5}{7}$

③ $\dfrac{5}{6} \div \dfrac{13}{18} = \dfrac{15}{18} \div \dfrac{13}{18}$

$= 15 \div 13 = \dfrac{15}{13} = 1\dfrac{2}{13}$

④ $\dfrac{9}{14} \div \dfrac{4}{7} = \dfrac{9}{14} \div \dfrac{8}{14}$

$= 9 \div 8 = \dfrac{9}{8} = 1\dfrac{1}{8}$

⑤ $\dfrac{8}{15} \div \dfrac{1}{5} = \dfrac{8}{15} \div \dfrac{3}{15}$

$= 8 \div 3 = \dfrac{8}{3} = 2\dfrac{2}{3}$

4 대분수를 가분수로 바꾼 다음 분수의 나눗셈을 계산해야 합니다.

5 $\dfrac{3}{10} \div \dfrac{7}{10} = 3 \div 7 = \dfrac{3}{7}$,

$\dfrac{3}{7} \div \dfrac{12}{19} = \dfrac{3}{7} \times \dfrac{19}{\underset{4}{12}} = \dfrac{19}{28}$

$\begin{aligned}\text{다른} \\ \text{풀이}\end{aligned}$ $\dfrac{3}{10} \div \dfrac{7}{10} = 3 \div 7 = \dfrac{3}{7}$,

$$\dfrac{3}{7} \div \dfrac{12}{19} = \dfrac{57}{133} \div \dfrac{84}{133}$$

$$= 57 \div 84 = \dfrac{\overset{19}{\cancel{57}}}{\underset{28}{\cancel{84}}} = \dfrac{19}{28}$$

6 $\dfrac{7}{8} > \dfrac{1}{2} > \dfrac{1}{4} > \dfrac{1}{6}$ 이므로 가장 큰 수는 $\dfrac{7}{8}$,

가장 작은 수는 $\dfrac{1}{6}$ 입니다.

➜ $\dfrac{7}{8} \div \dfrac{1}{6} = \dfrac{7}{\underset{4}{\cancel{8}}} \times \dfrac{\overset{3}{\cancel{6}}}{1} = \dfrac{21}{4} = 5\dfrac{1}{4}$

$\begin{aligned}\text{다른} \\ \text{풀이}\end{aligned}$ $\dfrac{7}{8} \div \dfrac{1}{6} = \dfrac{21}{24} \div \dfrac{4}{24} = 21 \div 4$

$$= \dfrac{21}{4} = 5\dfrac{1}{4}$$

7 $\cdot 2 \div \dfrac{7}{12} = 2 \times \dfrac{12}{7} = \dfrac{24}{7} = 3\dfrac{3}{7}\left(=3\dfrac{15}{35}\right)$

$\cdot 3 \div \dfrac{5}{6} = 3 \times \dfrac{6}{5} = \dfrac{18}{5} = 3\dfrac{3}{5}\left(=3\dfrac{21}{35}\right)$

따라서 $3\dfrac{3}{7} < 3\dfrac{3}{5}$ 이므로 $2 \div \dfrac{7}{12} < 3 \div \dfrac{5}{6}$
입니다.

8 만들 수 있는 가장 작은 대분수: $1\dfrac{5}{9}$

➜ $1\dfrac{5}{9} \div \dfrac{7}{10} = \dfrac{14}{9} \div \dfrac{7}{10} = \dfrac{\overset{2}{\cancel{14}}}{9} \times \dfrac{10}{\underset{1}{\cancel{7}}}$

$$= \dfrac{20}{9} = 2\dfrac{2}{9}$$

9 (평행사변형의 넓이) = (밑변의 길이) × (높이)

➜ (밑변의 길이) = (평행사변형의 넓이) ÷ (높이)

$$= 3\dfrac{3}{4} \div 1\dfrac{1}{2} = \dfrac{15}{4} \div \dfrac{3}{2}$$

$$= \dfrac{\overset{5}{\cancel{15}}}{\underset{2}{\cancel{4}}} \times \dfrac{\overset{1}{\cancel{2}}}{\underset{1}{\cancel{3}}}$$

$$= \dfrac{5}{2} = 2\dfrac{1}{2} \text{ (cm)}$$

10 $\square \times \dfrac{10}{11} = 8$ 이므로

$\square = 8 \div \dfrac{10}{11} = \overset{4}{\cancel{8}} \times \dfrac{11}{\underset{5}{\cancel{10}}} = \dfrac{44}{5} = 8\dfrac{4}{5}$ 입니다.

11 $\cdot \dfrac{17}{18} \div \dfrac{3}{10} = \dfrac{17}{\underset{9}{\cancel{18}}} \times \dfrac{\overset{5}{\cancel{10}}}{3} = \dfrac{85}{27} = 3\dfrac{4}{27}$

$\cdot \dfrac{12}{17} \div \dfrac{2}{17} = 12 \div 2 = 6$

따라서 $3\dfrac{4}{27} < \square < 6$ 이므로 $\square$ 안에 들어갈

수 있는 자연수는 4, 5로 모두 2개입니다.

12 동화책 전체를 읽는 데 $\square$시간이 걸린다고 하면

$\square \times \dfrac{4}{9} = \dfrac{2}{3}$ 이므로

$\square = \dfrac{2}{3} \div \dfrac{4}{9} = \dfrac{\overset{1}{\cancel{2}}}{\underset{1}{\cancel{3}}} \times \dfrac{\overset{3}{\cancel{9}}}{\underset{2}{\cancel{4}}} = \dfrac{3}{2} = 1\dfrac{1}{2}$ 입니다.

➜ $1\dfrac{1}{2}$ 시간 $= 1\dfrac{30}{60}$ 시간 = 1시간 30분입니다.

사자성어, 속담, 맞춤법(총3책)

퍼즐런

초등 필수 어휘를 퍼즐 학습으로 재미있게 배우자!

- 하루에 4개씩 25일 완성으로 집중력 UP!
- 다양한 게임 퍼즐과 쓰기 퍼즐로 기억력 UP!
- 생활 속 상황과 예문으로 문해력의 바탕 어휘력 UP!

하루 한장 쏙셈 분수

2권

초등학교 5~6학년

www.mirae-n.com

학습하다가 이해되지 않는 부분이나 정오표 등의
궁금한 사항이 있나요?
미래엔 홈페이지에서 해결해 드립니다.

교재 내용 문의
나의 교재 문의 | 수학 과외쌤 | 자주하는 질문 | 기타 문의

교재 자료 및 정답
동영상 강의 | 쌍둥이 문제 | 정답과 해설 | 정오표

미래엔 N 맘
No.1 New Network
http://cafe.naver.com/mathmap

함께해요!
바른 공부법 캠페인

궁금해요!
교재 질문 & 학습 고민 타파

공부해요!
미래엔 에듀 초·중등 교재

참여해요!
선물이 마구 쏟아지는 이벤트

초등학교

학년   반   이름

하루한장 쏙셈

쏙셈 시작편
초등학교 입학 전 연산 시작하기
[2책] 수 세기, 셈하기

쏙셈
교과서에 따른 수·연산·도형·측정까지 계산력 향상하기
[12책] 1~6학년 학기별

창의력 쏙셈
문장제 문제부터 창의·사고력 문제까지 수학 역량 키우기
[12책] 1~6학년 학기별

쏙셈 분수·소수
3~6학년 분수·소수의 개념과 연산·원리를 집중 훈련하기
[분수 2책, 소수 2책] 1~2권

하루한장 한자

그림 연상 한자로 교과서 어휘를 익히고 급수 시험까지 대비하기
[총12책] 1~6학년 학기별

하루한장 ENGLISH BITE

ENGLISH BITE 알파벳 쓰기
알파벳을 보고 듣고 따라쓰며 읽기·쓰기 한 번에 끝내기
[1책]

ENGLISH BITE 파닉스
자음과 모음 결합 과정의 발음 규칙 학습으로
영어 단어 읽기 완성
[2책] 자음과 모음, 이중자음과 이중모음

ENGLISH BITE 사이트 워드
192개 사이트 워드 학습으로 리딩 자신감 키우기
[2책] 단계별

ENGLISH BITE 영문법
문법 개념 확인 영상과 함께 영문법 기초 실력 다지기
[Starter 2책 , Basic 2책] 3~6학년 단계별

ENGLISH BITE 영단어
초등 영어 교육과정의 학년별 필수 영단어를
다양한 활동으로 익히기
[4책] 3~6학년 단계별

하루한장 한국사

큰별★쌤 최태성의 한국사
최태성 선생님의 재미있는 강의와 시각 자료로
역사의 흐름과 사건을 이해하기
[3책] 3~6학년 시대별

개념과 **연산 원리**를 집중하여
한 번에 잡는 **쏙셈 영역 학습서**

하루 한장 쏙셈
분수·소수 시리즈

하루 한장 쏙셈 분수·소수 시리즈는
학년별로 흩어져 있는 분수·소수의 개념을
연결하여 집중적으로 학습하고,
재미있게 연산 원리를 깨치게 합니다.

하루 한장 쏙셈 분수·소수 시리즈로
초등학교 분수, 소수의 탁월한 감각을 기르고,
중학교 수학에서도 자신있게 실력을 발휘해 보세요.

APP 다운로드

스마트 학습 서비스 맛보기
분수와 소수의 원리를
직접 조작하며 익혀요!

분수 1권
초등학교 3~4학년

▶ 분수의 뜻

▶ 단위분수, 진분수, 가분수, 대분수

▶ 분수의 크기 비교

▶ 분모가 같은 분수의 덧셈과 뺄셈

⋮

3학년 1학기_분수와 소수
3학년 2학기_분수
4학년 2학기_분수의 덧셈과 뺄셈